让孩子听话的沟通心理学

孙平　沈云倩◎编著

中国纺织出版社有限公司

内　容　提　要

父母是孩子的启蒙导师，是孩子人生路上的引路人，而父母只有了解孩子的心理特征、内心需求，才能找到适合与孩子的沟通方式，才能使亲子沟通变得顺畅无阻。

本书从心理学的角度出发，针对很多家长的教育苦恼而编写，用凝练的文字告诉父母科学、经典的沟通智慧，帮助父母有效处理孩子各种不听话的行为，进而促进亲子沟通，让孩子健康、快乐、出色地成长。

图书在版编目（CIP）数据

让孩子听话的沟通心理学 / 孙平，沈云倩编著. -- 北京：中国纺织出版社有限公司，2021.3
ISBN 978-7-5180-7885-1

Ⅰ. ①让… Ⅱ. ①孙… ②沈… Ⅲ. ①儿童心理学②儿童教育—家庭教育　Ⅳ. ①B844.1②G782

中国版本图书馆CIP数据核字（2020）第175487号

责任编辑：赵晓红　　责任校对：高　涵　　责任印制：储志伟

中国纺织出版社有限公司出版发行
地址：北京市朝阳区百子湾东里A407号楼　邮政编码：100124
销售电话：010—67004422　传真：010—87155801
http://www.c-textilep.com
中国纺织出版社天猫旗舰店
官方微博http://weibo.com/2119887771
三河市延风印装有限公司印刷　各地新华书店经销
2021年3月第1版第1次印刷
开本：880×1230　1/32　印张：7
字数：118千字　定价：39.80元

凡购本书，如有缺页、倒页、脱页，由本社图书营销中心调换

前言

孩子的教育一直都是困扰家长的难题,尤其是当孩子越来越大,很多父母发现,越让孩子做什么事,孩子就越不去做,不管怎么说,孩子都不听。为此,不少家长四处取经,学习教子经验。但是有些父母还是采取打压和强迫的方式来让孩子听话,企图将孩子的错误行为和观念遏制住,然而,实际上,这种方式多半是无效甚至是适得其反的。因为如果我们总是运用严厉的方式教育孩子,或者苦口婆心地劝说,久而久之,孩子一定不会再吃你这一套,孩子也只会对我们的管教感到厌烦,除了躲着我们,他们还能怎样?

我们不得不承认,现在不少孩子身上出现的毛病,诸如顶撞父母、撒谎、自私等,都是父母简单粗暴的教育方式带来的结果。尽管我们的各种教育方法的出发点是好的,但是方法却是错误的,因此,孩子依然不听话。其实,造成孩子不听话的原因有很多,比如说家长不会引导,没有给孩子从小就施行正确的教育等,但是最核心的一个原因则是:孩子不愿意听。说道理谁都会,可是有几个人能真的听进去呢?

还有一些父母,以为大声呵斥就能让孩子听话,而实际上,这些父母是否想过:你们要求孩子听话和了解你们的意思,但你们有没有了解过孩子的想法?要了解这些信息,父母首先要认识到沟通的重要性。

沟通,要求父母向孩子敞开心扉,让孩子了解你心里的想法，同时父母也要倾听孩子的内心声音。只有互相了解和沟通，父母才能知道孩子到底心里想什么，从而"对症下药"，担任孩子成长路上的引导师，帮助孩子健康成长。

那么，什么样的沟通才是有效的？

在考虑这一问题之前，我们不妨先反思一下：您是否发现，孩子越来越不愿意和你交流？你是否过于唠叨？您与孩子的话题是否永远都是学习、听话？您是不是经常暗示孩子一定要考上大学？之所以要求家长反思，是因为孩子在成长的过程中，或多或少会表现出逆反心理，我们越是要求他们，他们越不听。最好的做法是改变我们自己的做法，打开与孩子交流之门，缩短与孩子的心灵距离。

在反思了我们的教育方法后，剩下的，就需要我们去理解孩子，去引导孩子。然而，很多家长又会产生疑惑，我到底该怎么做呢？这也正是本书要阐述的重点，我们深知"道理千千条，不如一策良方更实用"这一道理。所以，本书并没有那些繁复的大道理，而是从家长的角度，为家长提供最实用、科学、更具操作性的方法。

本书从心理学角度出发，以亲子交流的角度，呈现给家长教育孩子的一些具体建议和指导思想。没有教不好的孩子，只有不正确的教育方法。每个孩子都是天才，相信您的孩子一定可以快乐、健康地成长！

编著者

2020年8月

目 录

第1章　让孩子听话，要从有效沟通开始 ‖001

　　让孩子听话，要找对沟通方法　‖002

　　沟通，是家庭教育的核心内容　‖005

　　你越是说教，孩子越是不听话　‖009

　　命令和压制孩子，真的能让孩子听话吗　‖013

　　父母不要让孩子盲目听话　‖017

第2章　读懂你的孩子，得到理解的孩子才会听话 ‖021

　　亲子代沟，孩子就是不听话怎么办　‖022

　　让孩子听话，先要了解孩子在想什么　‖026

　　引导孩子说出心里话　‖029

　　教导孩子听话，也要鼓励孩子表达自己的想法　‖032

　　再忙，也要抽出时间多陪陪孩子　‖036

第3章　用心交流，家长会说话，孩子才会听话 ‖041

　　表达信任，孩子才愿意敞开心扉　‖042

　　拉近亲子关系，在互动中穿插沟通　‖044

　　掌握沟通技巧，让孩子对你说真心话　‖047

　　与孩子交流，别把关心变唠叨　‖051

　　用引导代替教训，孩子才愿意和你说话　‖054

第4章 高效的沟通，需要合适的沟通方法 ‖059

与孩子沟通，找点新鲜话题 ‖060
选择合适的场所沟通，易于让孩子接受你的意见 ‖063
打骂毫无作用，巧妙引导更有效 ‖066
风趣幽默的沟通方法，让孩子轻松接纳 ‖069
换位思考，多从孩子的角度沟通 ‖074

第5章 做知心父母，让孩子听话先要听孩子说话 ‖077

倾听孩子的心声，让他畅所欲言 ‖078
多听少说，别总是对孩子发号施令 ‖081
放下父母的架子，孩子的心事需要倾听 ‖084
在倾听中了解并接纳孩子的情绪 ‖087
倾听后给予反馈，表达你的认同和理解 ‖090

第6章 平等交流，孩子才愿意畅所欲言 ‖095

与孩子平等沟通，温柔细语让孩子更听话 ‖096
敞开心扉说些心里话，让孩子也了解你 ‖100
真正把孩子当成家庭成员，被认可的孩子更听话 ‖103
孩子会听你真诚的建议，而绝非是命令 ‖106
鼓励孩子发表意见，让孩子感受到被尊重 ‖109

第7章 鼓励孩子，在赏识教育中引导孩子更听话 ‖115

赞扬你的孩子，听话的孩子是夸出来的 ‖116

鼓励孩子，聪明家长不说孩子"笨" ‖119

想让孩子听话，就别拿孩子与别人比较 ‖122

别当着外人的面宣扬孩子的过错 ‖125

第8章 营造良好的沟通氛围，消除孩子的抵触情绪 ‖129

营造宽松和谐的家庭氛围，让孩子乐于沟通 ‖130

与孩子一起运动时沟通，严肃的问题轻松说 ‖133

寓教于乐，带孩子一起玩耍 ‖136

和孩子一起读书，享受亲密的亲子时光 ‖140

有幽默感的父母，能活跃家庭气氛 ‖143

第9章 尝试非语言沟通，拉近亲子之间的心理距离 ‖147

非语言沟通，更能表达你的爱 ‖148

非语言沟通的形式有哪些 ‖151

蹲下身子，听听孩子想要说什么 ‖154

和孩子一起做游戏，是亲子沟通的重要方式 ‖157

陪孩子一起探索未知世界，是一种支持和认可 ‖161

第10章 调动教育力量，多角度让孩子接纳我们的指令 ‖165

父母间相互支持，沟通时要态度一致 ‖166

父母争执吵架，不要当着孩子的面 ‖169

协助老师的工作，让孩子在学校听老师的话 ‖172

孩子不愿意上学如何解决 ‖176

曲径通幽，与孩子的好朋友保持沟通 ‖178

第11章 面对特殊问题，父母如何让孩子听你的话 ‖183

如何沟通，才能让孩子戒掉网瘾 ‖184

孩子说谎，如何沟通才能杜绝 ‖187

如何在沟通中纠正孩子说脏话的习惯 ‖191

发现孩子有偷窃行为如何沟通引导 ‖195

第12章 告别沟通误区，让孩子听话要避免这几点 ‖199

关心孩子，不要一回家就问孩子的学习 ‖200

家庭沟通，父亲绝不能缺席 ‖203

让孩子听话，并非无条件满足孩子 ‖206

不要向孩子灌输你曾经的梦想 ‖209

犯错了向孩子道歉，并不有损家长威信 ‖212

参考文献 ‖216

第1章

让孩子听话，要从有效沟通开始

孩子不听话、无法管教是很多家长的苦恼。但是，孩子为什么不听话呢？作为父母，你是否反思过，你要求孩子听话，可又曾了解过孩子的想法？而这一切，都是缺乏沟通导致的。我们可以说，缺乏沟通是一切教育问题的根源。沟通，要求父母主动将自己的内心世界向孩子表达，同时多倾听孩子的心声，并掌握一些沟通技巧。这样，父母才能了解孩子心中的所思所想，而后"对症下药"给予适当的引导，使孩子健康成长。

让孩子听话，要找对沟通方法

我们都知道，每个家长都望子成龙，望女成凤，都希望孩子听话。然而，在教育孩子的问题上，一些父母显得过于焦躁，孩子一旦出了些什么问题，就乱了方寸，以为大声呵斥就能让孩子听话。实际上，这些父母是否想过：你们要求孩子听话和了解你们的意思，但你们有没有了解过孩子的想法？而这一切，都是缺乏沟通导致的。

教育心理学认为，教育孩子，需要考虑到他们的心理特点。孩子更喜欢父母与他们讲道理，而不是被粗暴地压制。因此，若你的孩子和你意见不合，不愿意听你的话，你有必要采取正确的方式沟通。这样，能减少亲子间的冲突，并通过把决定权交给对方的方式，让孩子觉得受到尊重，因而会愿意作出配合的决定。

周末这天，妈妈带着莉莉一起逛商场，莉莉看上了一件粉色的裙子，莉莉非要买，妈妈说该回家做饭了。但莉莉赖着不走，非要妈妈买给她。这时候，妈妈蹲下来，对莉莉说："我的乖女儿，妈妈知道你很喜欢这件衣服，但你发现没，你已经有十几件这样的裙子了。你看，妈妈每天都要辛苦地工作，才能挣钱给你买这些裙子。莉莉是不是应该体谅一下妈妈呀？"妈妈说完后，莉莉还是撅着嘴。妈妈一看莉莉这样的表现，就继续说："要不，等下周妈妈发了工资就给你买，好不好？"听到妈妈这样说，莉莉高兴地答应了。

第二周的一天，妈妈下班后对莉莉说："妈妈今天带你去商场买那件裙子好不好？"但莉莉却对妈妈说："妈妈，我以后要做你的乖女儿，再也不乱买衣服了。"听到莉莉这样说，妈妈欣慰地笑了。

这一故事中，莉莉妈妈的教育方法值得很多父母借鉴。生活中，可能不少家长都遇到这样一个头疼的问题：孩子太固执了，家长想尽办法让孩子听话，但孩子就是固执己见！其实，如果我们能找到孩子喜欢的沟通方式，让孩子在一开始就认同你，那么，他自然会接受你。

具体来说，有以下几个方法：

1.在平时的教育里就明确地告诉他能做什么、不能做什么

比如，当你带孩子到亲戚家做客的时候，你要告诉他，不能随便拿人家的东西，并告诉他，这是不好的行为习惯。这样，在日后的拜访中，他便不会提出这样的无理要求。

2.让孩子自己做选择题

例如，你想让孩子按时上床睡觉，但他就是想看电视，此时，你可以这样对他说："宝贝，《喜羊羊》很好看，对吧。那你以后是饭前看呢，还是饭后看呢？"这样，用选择题代替是非题，那么，孩子不论作出哪个选择，家长和孩子之间都能达成共识。

我们再举个例子，妈妈想叫孩子关上电视，去做功课，这时与其大吼"快把电视关了，去做功课"，不如说"乖，你是要先吃饭还是要先做功课"。这么一来，不论孩子作任何选择，做妈妈的都可达到让他离开电视机前的目的。

3.晓之以理、动之以情

我们来看看老何是怎么教育他的孩子的：

老何是一名物理教师，他在教育孩子这一方面很有自己的心得，他曾这样陈述自己的一次教子经历：

我的儿子上小学时，一次因为体育活动课玩疯了，回家时候忘带了语文书，他偷偷和妈妈说，不要告诉爸爸。吃晚饭的时候，妈妈忍不住告诉我了，我就叫他不要吃饭了，把书找回来再吃饭。他哭着叫他妈妈和他去找书，在学校找保安拿到书，回来后表情舒展了。我和他说，一个学生丢了书，就像战士丢了枪一样。他马上就回我，"战士丢了枪，鬼子来了可以躲起来啊！"我严厉地说："是的，战士丢了枪可以躲起来，那么老百姓谁保护啊？"他此时无话可说了，我又说，"一个人不能忘记自己的责任啊！"前几天孩子他妈妈去青岛开会，我和儿子两个人在家里，我发现他每天都要检查煤气、检查家门。一天我因为去学校早了点，忘记拿牛奶了，回去以后发现孩子已经拿回家了，而且放到冰箱里。儿子长大了。

老何对孩子进行的责任教育，并不是陈述大道理，而是从生活中孩子丢了书本这一事件入手，让孩子明白书本对于学生的重要性，从而让孩子从这一件小事中明白做人必须要有责任心，后来孩子检查煤气、家门、拿牛奶等事，证明了老何的教育起作用了。

每个人都有他自己喜欢的沟通方式，我们的孩子也是。父母要想让孩子听话，就要从他喜欢的方式入手，并掌握一定的沟通技巧，而不是硬性地把自己的观点传达给孩子，这样才能让孩子接受你的观点。

沟通，是家庭教育的核心内容

生活中，不少父母都有这样的烦恼："现在的孩子真是很不听话，好好地同他讲道理，他却不以为然，道理比你还多，甚至还顶撞你。""我让他做这样，他非要那样，好像故意跟我作对。""孩子越来越不听话，反而说我烦，现在一天我们也说不上几句话。"……问题在哪里？是孩子的问题，还是父母的问题？其实是沟通的问题。

教育心理学家认为，现代家庭教育中的核心内容在于沟通，而沟通也能解决教育中的大部分问题。孩子不听话，首先我们不要想孩子的问题，要反思自己的沟通方法是不是存在问题。因为没有教不好的孩子，只有不会教孩子的父母。父母要反思是不是自己的沟通方法有问题。比如，你是否愿意放下架子和孩子好好交交心呢？当孩子还在襁褓中的时候，你会用摇篮曲哄他入睡，可是等孩子长大了，你是否还愿意抽出时间与孩子交流呢？其实，入睡前的这段时间，是我们和孩子沟通的最佳时机，和孩子一起清除每天的"垃圾"，不让忧愁过夜，对于成人和孩子来说，未尝不是一件好事。

林先生是一位单亲爸爸，离异后带着儿子生活。他有写教育日记的习惯，在他的日记中，有这样一段话：

今天我又和儿子谈了很多，自从孩子上小学后，我深感到和孩子沟通的困难，他似乎总是对我存在偏见。但经过这些天的沟通，他似乎理解我了，我也更深刻地明白了，和孩子沟通真的需要寻找最好的时机。以前，我去和儿子聊天，儿子总是一副不耐烦的样子，我还感叹和他的沟通怎么这么难。这回才明白，原来是我选的时机不对。就像这一次，一开始，我是在客厅和他谈的，他正在看电视，就不可能太注意我的谈话，能搭几句就不错了。等到我们一起包饺子的时候，很安静，也没有别的事打扰，儿子就和我聊了很多，这是和以前无法相比的。

而儿子的有些事也是我从来不知道的，包括以前老师对他做的一些事。还有，他告诉我，他要是考不上很好的大学，就出去干点什么，这是他从来没告诉我的，也是他对自己的将来做的打算。我就非常认真地告诉他，我会完全支持他作的决定，不过，现代社会，只有知识才是永恒的竞争力，书是要读的，他好像听懂了，连连点头。

和儿子聊了很多很多,我对儿子有了更深的了解。我也更有信心,儿子是非常优秀的,在许多事上虽然想得不全面,却有自己的见解。我知道,只要我坚持和孩子沟通,我和儿子之间的关系会越来越好,孩子的身心也会健康成长。

在我们的生活中,不少家长并不能和这位父亲一样懂得反思家庭教育,而也是因为如此,父母和孩子之间才会出现沟通的困难。

然而,随着社会的进步,人们的生活水平不断提高,但人与人之间的交流却少了。在我们心灵的港湾——家中同样也是如此,而亲子之间,正是沟通的缺乏,导致了很多问题。反过来,家庭教育中的大部分问题,只要父母学会引导,打开彼此间沟通的渠道,同样可以解决。

有一位教育家说过:"父母教育孩子的最基本的形式,就是与孩子谈话。我深信世界上好的教育,是在和父母的谈话中不知不觉地获得的。"如何做有效的沟通,是我们需要学习与探讨的。

对此,教育心理学专家建议:

1.找对谈话的时机

选择好的时机进行谈话是非常重要的,否则谈话达不到预期的目的。一般来说,和孩子沟通教育中的问题,越快越好,如果事情拖延下去,问题就会沉淀。

不过,我们依然要选择最佳的和孩子沟通的时间,尤其是那些严肃的话题，最好不要选择孩子身心疲惫的时候，比如下午下课回家时，孩子上了一天的课，已经很累了，难以集中注意力，也不好控制自己的情绪。

生理规律告诉我们，下午5点~7点是生理活动最低点，此时，处于身体成长期的孩子迫切需要补充营养，恢复体力。而晚饭过后，孩子的心情逐渐开朗，这是与儿女分享家庭幸福，进行沟通的比较好的时机。

从心理需求上来说，在孩子心理上最需要帮助和鼓励的时候是恰当的时机，如果在此时谈话和他沟通效果会好得多。

2.选择一个合适的沟通场所

有些父母认为，和孩子说话，当然是选择家里了，其实也不一定，如果家中无外人则可，但如若有外人在场，则应考虑孩子的自尊心和感受。

那么，什么场合适于和孩子谈话呢？当然，这也视具体情况而定：

如果孩子的行为值得我们夸奖和鼓励，那么，可以选择人多的场合，让大家都看到孩子的成绩，不过这种情况的前提是你的孩子不容易骄傲，不然反而助长了孩子的骄傲情绪；如果涉及隐私问题，或者指出孩子的失误、缺点或者批评孩子的话，则应该在私下里，选择没有别人在的场所。因为这样的环境更能照顾到孩子的自尊心，也能减少孩子的心理压力，从而有利于沟通的顺利展开。

另外，如果你需要和孩子静心交流、和孩子谈心的话，应该选择一个平和安静、风景美丽的地方。因为这样的地方可以让彼此心平气和，情绪稳定，心情舒畅，易于接受对方的意见。比如父母可以利用周末或假期，带孩子到公园或风景游览区，一边游玩，一边说说悄悄话，这样的沟通和交流一定会起到很好的效果。

3.每次只谈一个话题

有些父母认为，和孩子说话，机会难得，一定要多沟通。但是，孩子虽然已经有了自我意识，但他们毕竟还是孩子，在同一时间内未必能接受父母的很多观点。另外，与孩子谈得太多，也容易引起他们的反感。

总之，父母和孩子沟通，一定要选择恰当的谈话时机和环境，这有助于给沟通创造一个良好的谈话氛围，心平气和地解决教育问题。同时，父母还应记住，即使再忙，每天都该抽出一点时间来和子女进行沟通！

你越是说教，孩子越是不听话

生活中，为人父母，我们都希望孩子能健康快乐地成长，都希望孩子能成人成才，更希望孩子能听话，这样能让孩子少走很多弯路。然而，大部分家长采取的是说教的方式，告诉孩子应该怎么做，不过，孩子真的听话了吗？答案是否定的。比如，有位妈妈就有这样的烦恼：孩子非常迷恋手机，她知道手机对孩子学习和身体健康都有影响，无数次地和孩子说这样做不好，而且和孩子讲很多道理和理由。苦口婆心地整天追着孩子后面说教，然而孩子依然还是我行我素，而且越说孩子反而玩得更带劲了。

其实，这就是无效沟通，我们一直站在自己的角度看问题，用的方式也是家长式的教育，把自己认为对的方式用在孩子身上。单纯用讲道理和说危害来和孩子沟通，有时候会出现反效果，目的性太强，这样的沟通是无效的。

所以，家庭教育中有一个让很多父母烦恼的问题：你越是说教，孩子越是不听话。

这也是很多家长犯的错误，花费很多时间和精力去学习育儿知识，学习各种各样的技巧，也没少投入金钱和精力，给孩子不停地讲道理，但是并没有收获什么结果，这些都是因为家长一直是站在自己的角度，用教育的方式和孩子说话。只有学习了孩子的语言，用孩子能理解也愿意接受的方式来和孩子说，他们才会愿意听并且愿意改变自己的行为。我们再来看看下面这位妈妈的教育心得：

小雅是个可爱且乖巧的女孩，无论是学习还是生活，妈妈从没担心过，但这个学期以来，妈妈发现，小雅变了很多，出门早、回来晚，还总有男同学给她打电话。

小雅妈妈束手无策，迷茫无助。后来她到学校咨询了老师，从老师那里了解到，近来经常有高年级的同学来找小雅，而且上下学的路上总有一个男孩子与她同行。母亲似乎明白了，可能女儿在思想情感方面产生了波动，出现了早恋倾向。那么，小雅妈妈是怎么做的呢？

"一个学期以来，通过我与小雅的多次谈心、疏导，在她父亲的理解和引导下，让她懂得了'喜欢'与'早恋'的区别。其实，她对那个高年级男生只是有好感，只是喜欢而已，可以作为一般的朋友来相处。我还使她真正认识到中学生在心理、生理、经济等方面都不具备恋爱的条件，把自己的精力完全投入到自己的学习生活中去，才是现在应该做的。她开始调整自己的精神状态，积极地投入到学习中去，几次月考的成绩虽不尽人意，但她还是继续努力，终于在期末考试中取得了可喜的进步。现在我们更成了无话不谈的好朋友。"

不得不说，小雅母亲是个有心人，没有对孩子劈头盖脸地质问，而是采取其他渠道获得了小雅早恋的信息。其实，早恋就是女孩与男孩之间单纯的友情与来自成人的恋爱信息发生碰撞的产物，是对于成人世界的一种模仿，二者有着本质的区别。可能很多家长对待此问题都是大惊小怪，生怕孩子会误入歧途，一发不可收拾，然后采取说教的方式，希望孩子迷途知返。但父母忽视的是，我们的孩子是敏感的，你越是说教，孩子越是无地自容，这往往比置之不理更伤害他们。

其实，无论遇到什么情况，家长都应该选择正确和有效的沟通方法，而不应用简单的说教方式。另外，我们在沟通中，要掌握几点要求：

1. 尊重

父母在教育自己的孩子时，必须首先认定他是"人"，既然是人，就应该充分尊重他的"人格"，不应该用简单粗暴和强制命令的方式来代替细致入微的思想工作。

2. 理解

父母必须认识到，任何人犯错误都不是故意的，更何况是一个未长成大人的孩子，他们还处于认知阶段。不管遇到什么事情，家长都需要好说好商量，而不应该是像防贼一样疑神疑鬼，动不动就斥责、恐吓，甚至不惜伤害孩子的自尊。

3. 体贴

家是孩子心灵的港湾，作为父母，我们必须满足孩子生理的和心理的两方面需求，在没有疾病的情况下，他们可以省吃俭用，但精神必须是愉快的，心理上也是需要满足的，不能用单纯的金钱去填补精神上的空虚。

4. 引导

孩子犯错误并不可怕，可怕的是认识不到自己的错误，导致无法改正自己的错误，这才是可怕的，对待孩子的错误，要以鼓励和引导为主，惩罚为辅。

总之，父母在家庭教育中，要避免简单粗暴的说教，而要注重沟通，要给孩子信任、鼓励，这样才能培养一个健康向上又听话的好孩子！

命令和压制孩子，真的能让孩子听话吗

在家庭教育中，我们都希望孩子乖巧、听话，因为这样的孩子省心，也能少走很多弯路，但我们要清楚一点，孩子并不是父母的私有财产，如果希望孩子样样服从自己的安排，结果将会适得其反。因为我们的孩子是独立的个体，自我意识也在逐渐增长，被压制和命令，孩子只会越来越叛逆。相反，智慧的家长懂得引导孩子，在亲子沟通中就巧妙解决问题。

大伟的爸爸又被老师请到学校去了，因为大伟在学校又和同学打架。回家后，爸爸并没有训斥孩子，而是心平气和地把孩子叫到身边。

"我知道，老师肯定又把你请去了，我今天是少不了一顿打。"儿子先开了口。

"不，我不会打你，你都这么大了，再说，我为什么要打你呢？"爸爸反问道。

"我在学校打架，给你丢脸了呀。"

"我相信你不是无缘无故打架的，对方肯定也有做得不对的地方，是吗？"

"是的,我很生气。"

"那你能告诉爸爸为什么和人打起来吗?"

"他们都知道你和妈妈离婚了,然后就在背地里取笑我,今天,正好被我撞上了,我就让他们道歉,可是,他们反倒说得更厉害了,我一气之下就和他们打了起来。"儿子解释道。

"都是爸爸的错,爸爸错怪你了,以后别的同学那些闲言闲语你不要听,努力学习,学习成绩好了,就没人敢轻视你了,知道吗?"

"我知道了,爸爸,谢谢你的理解。"

案例中,大伟的爸爸是个懂得和孩子沟通的好爸爸。儿子犯了错,他并没有选择粗暴地责问、无情地惩罚,更没有命令孩子要听话,而是选择了倾听。倾听之中,爸爸表达了对儿子的理解,让儿子感受到了爱、宽容、耐心和激励。试想,如果他在被老师请去学校以后就大发雷霆,不问青红皂白地将孩子打骂一顿,结果会是怎样呢?结果可能是父子之间的距离越来越远,孩子的叛逆行为也可能越来越明显。

对于家长来说,引导孩子是一个漫长而艰巨的任务,也可以说是一生的课题。但无论如何,家长不要总是强迫孩子听话,把什么都强加给他。

然而,我们看到的是,在家庭教育中,不少家长认为自己的做法和看法都是对的,他们总希望孩子按照自己的要求去做事,并且,他们喜欢用命令句式,因为他们以为我们的孩子天生是听话的，应该由别人来决定他的一切，如"就这样做吧""你该去干……了"。这种语气可能在孩子小的时候还能起到作用，但随着孩子年纪的长大和他们独立意识的萌发，会导致他们对抗情绪越来越明显，而这就是在很多家庭中出现"家长气急败坏，孩子无所畏惧"的现象的原因。

有的孩子看似听话，但家长绝不可认为孩子就没有自己的想法和主见。爱护你的孩子，就别让他做你的傀儡，而是应该给他一个温馨的生活氛围。这就要求父母通过洞察他的内心世界，用商量、引导、激励的语气和他交流，站在孩子的角度去考虑，而不是将自己的意志强加给孩子。父母也不要因为孩子尚小，就用命令的口吻对孩子说话，也不能随意斥责或辱骂孩子，更不要去嘲弄、讽刺孩子。

对此，我们在家庭教育中，需要注意：

1. 不要强迫孩子接受你的观点

你越是将自己的观点和价值观强加于他，并自以为他会与你分享，他拒绝接受它们的可能性就越大，即便一个较小的孩子也是如此。

因此，家长要想办法弄清孩子的想法。比如，你可以这样说："我喜欢这个想法，但重要的是你如何看待。"而不是说："太棒了，你不这样认为吗？"或者可以说："你怎么看待那个电视节目？"而不是说："那个电视节目简直就是胡说八道。"

2. 不要把你的兴趣和爱好强加给孩子

很多有所成就的家长都希望自己的孩子能按照自己的兴趣、爱好甚至为他规划的人生走下去，早有"子承父业""书香门第"之说，生活中这样的例子也是数不胜数：医生的女儿当护士，教授的女儿当老师……

父母总把孩子放在自己的掌心，而他却渴望一片自己的天空。这种"独裁"只会把你的孩子从你身边拉走。中国的家长们太喜欢包办代替，操心受累之余还总爱不无委屈地说一句："我什么都替他想到了，能做的我都做了，我容易吗？"可是对于这一"替"，孩子不但不领情，反而想要反抗，尤其是进入了青春期的孩子，他们更愿意固守自己的意志而拒绝家长的好心安排。

其实，父母的良苦用心可想而知，但他们却没有尊重孩子的兴趣，让孩子挑选自己感兴趣的东西。家长应该注意发现和培养孩子的兴趣。

大多数时候父母都会认为，孩子还小，很多事情他们不懂，我们选择的对他们才更有好处。殊不知，孩子虽小，也有着鲜活的思想和情感，有自己的兴趣。只有从兴趣出发，孩子才能自主地学习，才能学得又快又好，才能享受到学习的乐趣。

3. 多用启发式的话语代替命令

很多家长在要求孩子做事时，往往喜欢使用命令句式，因为他们以为，孩子天生是听话的，应该由别人来决定他的一切，如"就这样做吧""你该去干……了"。而这种语气会让孩子觉得家长的话是说一不二的，自己是在被强迫做事，即使做了心里也不高兴。

家长不妨将命令式语气改为启发式语气，如"这件事怎样做更好呢""你是否该去干……了"，这种表达方式会让孩子感觉到家长对自己的尊重，从而引发孩子独立思考，按自己的意志主动处理好事情。

总之，家庭教育中，命令和压制不会让孩子真正听话，引导和启发式的沟通才能让孩子自己思考，进而愿意接纳我们的建议。

父母不要让孩子盲目听话

作为父母，我们都知道，听话的孩子自制力强、自觉性高，相对于那些叛逆的孩子来说，管教听话的孩子能省很多心，但听话并不是我们教育孩子的终极目标，我们也不可让孩子盲目听话。

冬冬今年五岁，活泼好动，妈妈经常说这孩子很不好管。周末这天，妈妈好不容易放假想带冬冬去逛街，可是，妈妈和冬冬走在街角的时候，突然发现儿子不见了，妈妈往回走了几步，发现儿子竟然和路边的流浪小狗玩了起来，他还将自己手上的零食递给小狗。

"宝宝,你在干什么?"妈妈问。

"妈妈,我在喂小狗啊。"

"喂什么小狗,我不是告诉过你吗,不要碰野猫野狗,脏死了。"说完,妈妈就拽起冬冬离开了,冬冬一脸愕然地望着妈妈。

这里很明显,冬冬妈妈的做法是不对的,孩子喂流浪狗,是有爱心的表现,孩子的善举应该得到鼓励,而不是禁止。如果我们家长忽略了这一点,而把它当成不听话、犯错误的行为,就大错特错了。

所以,我们可以说,孩子活泼好动,我们应该辩证看待。具体来说,父母可以这样引导:

1. 理解孩子的行为

很多孩子调皮捣蛋。父母带他出去玩,他总是喜欢做一些危险动作,比如登高、从高处往下跳。父母因为担心他们的安全而制止他们的行为。

中国传统的教育理念认为安静、听话的孩子更好,因此,对于孩子的一些调皮的行为,家长会加以制止和约束。但是我们没有想到的是,孩子的成长需要自由的空间,需要有广阔的天地来让他们成长。因此,对于孩子那些活泼好动的行为,我们不可过度约束,只要给孩子一定的指导、保证他们的安全即可。要知道,孩子在奔跑、跳跃、攀爬这些活动中,更易获得健康的身体,也更易活跃大脑,获得开朗活泼的性格。

2. 不要让孩子盲目听话

童话大王郑渊洁曾在采访中称，自己从未对孩子大声说过一句话，也从未提出让孩听话的要求，他说："因为我觉得把孩子往听话了培养那不是培养奴才吗？"因此，对于孩子的不听话，你不妨告诉孩子："爸妈并不是要你盲目地听我们所说的每一句话，什么都听话的孩子就是庸才。"这样说，会很容易让孩子感受到父母对自己的理解。

3. 鼓励你的孩子有自己的思维方式

你不妨告诉孩子这样一个故事：

一天，一名外国教师来到了中国的幼儿园，他看到一个小班小朋友用蓝色笔画了一个"大苹果"，他对这个小朋友说："嗯，画得真棒！"孩子高兴极了。

此时，幼儿园教师走过来问这位外国教师："他用蓝色画苹果，你怎么不纠正？"那个教师说："我为什么要纠正呢？也许他以后真的能培育出蓝色的苹果呢！"

其实教师或家长这样容忍孩子"不听话"是有道理的，它可以保护孩子的想象力，激发孩子的创造力。

我们的孩子，他们也有自己独特的思维，作为家长的我们，如果用成人的思维方式对他们粗暴地干涉，就会扼杀他们的想象力和创造力。

4. 给孩子一个行为标准

这个行为标准的制定必须是在和孩子已经站在统一战线的

前提条件下,也就是孩子认可有时候父母的话是正确的。

此时,你应该告诉孩子一个原则,一个标准。在这个标准下,他知道什么要去执行,什么要坚决反对,掌握好这个度就可以了。总之,不是不管他们,而是怎样合理地管的问题。

因此,综合来看,对于孩子不听话这一问题,我们一定要辩证地看,我们不需要培养那种盲目听话的"乖孩子",因为"乖孩子"真正成为社会精英、业界尖子的不多,他们大多在一般劳动岗位上工作。当然,并不是说"不听话"的孩子就一定聪明,出尖子。孩子的"听话"应更多体现在生活规矩、行为道德上,而孩子天性叛逆,有自己的想法,父母应做出正确的引导,用于在学习和对待事情上。

第2章

读懂你的孩子，得到理解的孩子才会听话

很多父母感到疑惑，为什么孩子不愿意沟通呢？要知道不愿意和父母说话的孩子又怎么可能听话呢？对于这一点，我们家长首先要反思，是否做到了换位思考，只有做到这一点，才能站在孩子的角度、理解孩子的想法，才能走入孩子的世界，用心体会孩子的情绪、想法、需求等，当孩子真正接纳你后，他们便愿意与你敞开心扉了！

亲子代沟，孩子就是不听话怎么办

作为父母，当我们的孩子从婴幼儿变成儿童之后，你是否发现，孩子似乎不再那么黏你，而也不像以前一样听话了，不再认为我们说得都是对的，他是不是经常对我们说："俗！""土得掉渣！""out了"等，从孩子的口中，你是不是会听到："我们同学都是这样说的。""人家都是这样穿衣服的。""什么都不懂，懒得跟你说。""你不明白的。"……这表明你们之间有代沟了。

代沟是指存在于两代人之间的、在思维方式、价值观念等方面的不同，并衍生出一系列的差异。现今社会，在家庭中，代沟尤为明显，也严重影响了亲子之间的关系，具体表现在，孩子很难理解父母，尤其是对于一些年纪较大的孩子，他们已经开始有了独立性，他们并不认同父母的想法和观点，而父母也不认同孩子，这就造成了一条心理鸿沟，致使孩子认为父母不了解他们，有事宁可与同学商谈，而不愿向家长诉说；一些孩子还通过反抗、顶撞父母甚至是违法等方式试图摆脱成人或社会的监护，以自己的方式行事，坚持自己的理想和判断是非的标准。

而实际上，并不是父母不爱孩子，而是父母"太爱"孩子。当孩子还年幼的时候，父母对孩子实行一切包办，只要求孩子努力学习，而实际上，孩子也有愿望倾诉和独立的愿望，当孩子到达一定年龄的时候，这种渴望倾诉和认同的饥渴就愈演愈烈，继而导致了代际关系的形成。

大量事实表明，产生代沟的原因在父母，不在孩子，孩子毕竟是孩子，他们会用成人对待自己的态度回馈成人，原本孩子有倾诉的愿望，但是父母的冷淡磨灭了他们继续倾诉的兴趣，其实，每个孩子小时候都是乐于黏着父母倾诉的，但是父母处理不当，导致孩子不愿意再开口。很多父母只关心孩子的衣食住行和学习成绩，而忽略了孩子的心理需求。

常听到一些父母抱怨："孩子长大了，什么都不给我们讲，不知道他在想什么。"也常听到小孩说："懒得和父母说，说了他们也不理解。"

可见，要与孩子沟通，第一步就是要消除亲子间的代沟。具体说来，家长要做到的是：

1.倾听——满足孩子的"交流饥饿"

对于孩子而言，他们的生活圈和父母的生活圈同样重要，他们每天遇到的"大事"，同样值得关注。父母不能以自己几十年的经验认为，孩子所遇到的、所讲述的都是小事，而应当以孩子的角度看到，这是孩子"交谈饥饿"的需要，是建立代际亲密关系不可缺少的一环。

有些父母也注意倾听，但只注重听的动作，忽略了以怎样一种心理听，应该作何反应，因而也效果甚微。具体地说，倾

听要有效果,应做到以下三点:

(1)多听,听是增进对孩子的了解,了解孩子自己的看法,了解孩子交的朋友,了解孩子的老师,了解孩子的各方面情况,这也是在关注孩子的成长。

(2)如果只是听,而没有任何反应,久而久之,孩子会感觉索然无味,停止讲,不愿讲。父母的积极倾听就是对孩子的最好鼓励,也是对孩子心理需要的极大满足。

(3)在倾听的基础上,要参与到孩子的讲述中,以大朋友式的身份谈自己的想法和建议。这种参与式的谈话,可对孩子起到意想不到的潜移默化的引导作用。当然,要注意,父母不是主角,只是倾听者,父母应着重于引导孩子的思维,让他们自己找到处理问题的方法,而不是以自己的想法代替孩子的思维,这样才能培养孩子独立思考、创造性思维的能力。

2.倾诉——让孩子与父母平起平坐

倾听让孩子感到得到关注,而倾诉则能让孩子感受平等。孩子喜欢父母把自己看作大人,比如小孩打针怕疼,如果我们说:"你好勇敢呀,就像大人一样。"孩子立即会做出一副不怕痛的大人架势。

我们应该看到,孩子是不觉得自己小的,他们渴望能和大人平起平坐地讨论,孩子有这种渴望,而且,孩子也有这个能力。但在父母眼中的孩子是柔弱、单薄、不堪重负的,什么也不懂,大人的事情给孩子讲也没用,因此不愿也不习惯对孩子倾诉什么，或者在倾诉时，只与孩子分享自己的快乐，不与孩子分担自己的忧愁。

其实，孩子的潜能巨大，他们不仅能提出建设性的意见，有时甚至能成为父母的精神支柱。父母应把自己的人生体验、领悟告诉孩子，相互探讨。

倾诉给予了孩子极大的信任，从而鼓励孩子提出自己的观点。或许刚开始，孩子的观点略显稚嫩，但他们简单的想法、不同的角度，有时也能带给大人启发；随着一次次的锻炼，听父母对问题的剖析与解决，孩子的社会经验就会逐步提高，甚至能提出父母不曾考虑到的方法。而且在孩子还没步入社会时，父母就为他们注入一些社会元素，有助于增强他们以后的社会适应能力与竞争力，还能提高孩子分析和解决问题的能力，锻炼他们独立思考、创造、学习、批判的能力，令他们能从别人的经验中找到值得自己借鉴的地方。当然，最重要的是建立了两代人"无话不谈"的习惯。

父母与孩子之间的平等是孩子健康自由发展的保障，而如何建立这样的家庭环境，需要父母和孩子平等的沟通：倾听与倾诉，从小孩幼时做起，父母与小孩的隔膜就不会出现；从现在做起，父母与小孩的隔膜就会消除。有良好沟通的家庭，对孩子的成长，对孩子孝心的形成大有裨益，促进了学生良好心理品质的形成和发展。理解父母的孩子才会关爱父母，才会孝敬父母，才会以健全的人格迈入社会！

让孩子听话，先要了解孩子在想什么

所有的父母都"望子成龙、望女成凤"，都希望孩子能听话，能好好学习，于是，孩子一放学，他们便告诉孩子："快去做作业！"当孩子做完作业，他们又会督促孩子："练习做完了吗？"可能在孩子还小的时候，他们可能会听你的话，但随着孩子长大，我们发现，似乎孩子"翅膀硬了"，我们突然"使唤"不动他们了，其实，作为父母，我们要明白，我们的孩子正在逐渐长大，与婴幼儿时期不一样，他们现在已经有了一定的自我意识，不但不愿向父母吐露，还要埋怨父母不理解自己，如果父母处置不当，如对孩子的表现刨根问底，或是漠不关心，就会增强他们的反抗情绪。作为父母，其实我们若希望孩子听话，就要先要了解孩子在想什么，当孩子的知心，朋友，争取成为他们倾吐心事的对象和安慰者。

某心理医生遇到一位母亲，这位母亲家长苦恼地诉说，自己的女儿十岁了，过了这个暑假就念四年级了。可不知怎么回事，从这个暑假一开始，女儿好像变了一个人，平时要么一个人闷在房间里上网、玩游戏，要么就是对家长不理不睬。更奇怪的是，前两天她和爱人想跟女儿好好沟通一下，谁知没说几句话，女儿就顶撞说："我就是不知好歹，不可理喻。"还用电脑打了几个字"请勿打扰"贴在自己的房间门上，气得自己无话可说。

实际上，生活中，有不少孩子对父母的反抗情绪更严重，他们基本上不和父母沟通，父母说一句，就顶十句，总是喜欢说"反话"，而且，无论怎么样，他们总觉得自己是对的。而作为过来人的父母，自然更有"发言权"，于是，很多父母便为了更正孩子的观点而极力发表自己的观点，如果双方始终坚持自己的立场，那么，便极容易产生一种对立的关系。其实，作为父母，如果能感受孩子的想法，你会发现，其实孩子的想法也有一定的道理，而这就需要父母和孩子之间进行沟通，先要我们尊重和理解孩子，了解孩子心中所想，孩子才会开口表达，亲子之间也才能架起沟通的桥梁。

具体来说，我们家长要做到：

1.向孩子表达你的理解和信任

可怜天下父母心，每个父母都是爱孩子的，但是教育的结果却完全不同，为什么有的家长能跟孩子和谐相处，情同知己；有的却水火不容、形同陌路。这就是教育方法的不同所带来的，父母首先向孩子表达你的理解和信任，这样能拉近彼此心理距离，为沟通打开局面。

2.适当"讨好"一下你的孩子，缩短彼此间的心理距离

当然，这里的"讨好"并不具备任何功利的目的，而是为了加强亲子关系，父母亲应该偶尔赞扬一下你的孩子，或者带孩子出去散散心等，让孩子感受到家庭的温暖，彼此间的心理距离就拉近了。那么，孩子自然愿意向你倾诉了。

3.尊重孩子，平等交流

家长要学会跟孩子聊天，不要认为孩子的世界很幼稚，对孩子的话题不感兴趣，不论孩子说什么，家长最好表现出很感兴趣，这样孩子才有跟你交谈的欲望。

4.父母要注意沟通方式方法

先反思一下：您是否唠叨？您与孩子的话题是否永远都是学习、听话？您是不是经常暗示孩子一定要考上大学？那您是否发现，孩子越来越不愿意和你交流？您的孩子是不是觉得你越来越"土"？之所以请您反思，是因为孩子在长大，或多或少会表现出逆反心理。我们越是要求他们，他们越不听。最好的做法是改变我们自己的做法，打开与孩子交流之门，缩短与孩子的心灵距离。

5.不要总是压制孩子，让他们表达自己的想法

任何父母，都希望自己的孩子把自己当朋友，对自己倾吐成长中的烦恼与快乐，然而，是不是孩子愈大愈难与他们沟通？这是很多父母共同的感受。这是由什么造成的呢？其实，孩子也想对父母说实话，只是很多父母总是端着家长的架子，甚至压制孩子的想法，孩子又怎么愿意与你沟通呢？因此，聪明的父母都会引导孩子发表自己的意见，让孩子畅所欲言。

望子成龙、望女成凤的家长们，在日常生活中，如果你发现你的孩子莫名地很不听话，那么你就要考虑下自己的沟通方式是不是有什么问题，此时，你要从理解孩子，尊重孩子的角度，做孩子的朋友，或许他会对你敞开心扉！

引导孩子说出心里话

在现实的生活中，家长都希望孩子能把自己当成知心朋友，接受我们的建议，然而，不少家长为孩子不和自己说心里话感觉到很苦闷。一方面他们很想了解自己的孩子，另一方面孩子根本不和你说心里话。但你不了解孩子，又怎么能让孩子对你敞开心扉呢？是不是我们的孩子天生就不和父母说心里话呢？恐怕也不是。一般孩子不愿和父母说心里话大多数是父母的原因。

甚至有些孩子渴望与家长沟通，但家长却以"忙""没时间"等为理由拒绝，孩子甚至被家长压制、呵斥，所以，他们想倾诉的愿望并没有得到家长的理解和尊重，甚至一些孩子每次与家长谈心里话都受到不同程度的伤害，慢慢地就与家长疏远了。

刘女士的女儿今年四岁，一天，小家伙坐在沙发上嘟囔着嘴，使劲儿地捏平时玩的布偶，外婆在厨房忙着做饭，刘女士刚从外面回来，就直接进了厨房，看看晚上吃什么。

外婆说："你去看看你姑娘怎么了，一直生气到现在呢。"

刘女士好像没听见似的，在厨房拿起碗筷就去餐厅摆起来，外婆关了油烟机，也从厨房出来，对女儿说："做妈妈的，就是再忙，也不要忽视孩子的想法。"

刘女士顿时明白了，于是，她停下手中的事，走到女儿身边,牵着她的手问:"宝宝,你怎么了啊?"

女儿看着妈妈说:"隔壁小胖今天欺负我,她抢了我手上的棉花糖,我想拿回来,他不给。"女儿说完,豆大的泪水从眼睛里掉下来。

这时,刘女士过去抱住女儿,对她说:"我的乖女儿,妈妈知道你受了委屈,这件事是小胖不对,但是我们不能生闷气呀,这样不漂亮哟,对吗?而且,下次小胖要是再这样,我们就告诉他,他这样做令你很生气,好吗?"

听到妈妈这么说,女儿破涕为笑,擦了擦眼睛说:"妈妈,我饿了。"

这里,刘女士的教育方法值得我们学习,在孩子外婆的建议下,她停下手中事,鼓励孩子说出自己的想法,这样便帮助孩子疏解了心中的坏情绪。

不得不说,孩子在成长的过程中,有烦恼,有快乐,也有悲伤,但无论是什么,孩子都希望能与人分享,如果我们的父母能理解孩子,让孩子愿意敞开心扉倾诉,这对于孩子的成长是大有裨益的。

有这样一个教育小故事:

一个小女孩,她在画纸上画画,过了一会儿,她画完了,拿着她的"大作"给妈妈看。

可是,妈妈看到的是漆黑一片的画纸,妈妈好奇地问:"宝贝,画纸上画的是什么?"

小女孩说："妈妈，我画了很多花，还有很多在旁边飞舞的蝴蝶。它在飞呀飞呀。"

"那蝴蝶呢？"妈妈继续问。

"蝴蝶最后飞累了，天也黑了，就变成了漆黑一团。"

很多父母遇到这种情况，也许还没来得及好好听孩子说话，就给孩子当头一棒，因为他们会认为孩子是乱画一通。而这样做，孩子会觉得十分委屈和茫然，在他看来，他的画如此美丽，他也用了很多心去画，但却被父母孩说得一文不值，那他以后还怎么敢去大胆地想象？更严重的是，他怎么还会有画画的兴趣呢？

还有一位上五年级的女孩子，学习成绩优异，人缘也很好。有一天她收到同学的一封求爱信，心里很惊慌，于是，她就把信交给了妈妈，本想从父母处求得应对的方法，没想到妈妈却用"苍蝇不叮无缝的蛋"恶语相伤。从此后，孩子再也不和家长讲心里话了。

其实，家长此时不该轻易地责备孩子，而是要理解孩子，然后给予她需要的帮助。孩子虽然不希望家长管束，但却也不是完全独立的，很多时候，他们希望父母能帮助自己，而有些父母的态度却让他们退却了。

当孩子想做或不想做某件事时，家长不要马上教育他，可以停下手中的活儿，先听听孩子想说什么。在倾听时，家长和孩子要有目光交流，有点头、微笑等表情和肢体语言的反馈，但不要随意打断,让孩子觉得你在用心听他说话,他就愿意继续往下说,也能说得清楚。这也是对孩子表达感受和需求的一种鼓励。

总之,在家庭教育中,我们要想让孩子听话,就要理解孩子,让孩子有倾诉的欲望,当孩子想说时,就更要停下手头的事听听他想说什么。他也需要知道他的想法、感觉、欲望和意见,从而获得安全感和父母的理解与帮助。

教导孩子听话,也要鼓励孩子表达自己的想法

为人父母,我们都希望自己的孩子能省心、听话,可是,一味地听话的孩子只能生活在父母的臂弯里,因为没有主见,更不能自立;而我们的孩子在未来社会需要面对更大的困难,需要不懈的自我奋斗,可以说,我们父母必须给孩子自立的机会,他才能独立的面对问题、解决问题。

以下是两个孩子的不同表现:

一位妈妈问一位教育专家:"如何让我的儿子有主见呢?我儿子从小就很听话,可最近他刚入了幼儿园大班,老师经常要求小朋友说出自己的想法。这时候,他听话的优点就变成了缺点,因为他老是显得没有主见和缺乏应变能力,老师说他做事不够积极主动。我一下觉得压力挺大的。对于这样听话的孩

子，我不知道该用什么样的方式让他积极主动？"

在第二个故事中：一个周末，在一个小公园里，许多小孩正在快乐地游戏，其中一个小孩不知绊到了什么东西，突然摔倒了，并开始哭泣。这时，旁边有一个小男孩立即跑过来，别人都以为这个小男孩会伸手把摔倒的小女孩拉起来或安慰鼓励她站起来。但出乎意料的是，这个小男孩竟在哭泣着的小女孩身边也故意摔了一跤，同时一边看着小女孩一边笑个不停。泪流满面的小女孩看到这幅情景，也觉得十分可笑，于是破涕为笑，两人滚在一起玩得非常开心。

同样面对的是问题，这两个男孩却有不同的表现，明显，第二个男孩更富有自主和创新的精神。可以说，这样的孩子更能适应未来社会激烈的竞争。

诚然，孩子听话让父母安心，因为这样的孩子在小时候可以避免许多不必要的危险和麻烦。孩子的听话也让父母欣慰，因为听话的孩子肯定不笨，理解力强，善解人意。然而，这是一个强调创意的年代，如果习惯于听话，在孩子独立面对世界的时候，他会迷失自己，因为如果找不到那个权威的发话人，他就不知道该听谁的。

那么，父母，在沟通中，该如何让孩子表达出自己的想法呢？

1. 日常沟通中减少对孩子"真乖""真听话"这样的评价

一位妈妈总是喜欢夸奖儿子"真听话"，慢慢地孩子便会事事按照妈妈的话去做。可是一旦让他自己拿主意，他就表现得无所适从。后来，妈妈不再夸孩子听话了，而是使用其他更具体的评价。比如，当孩子吃完零食，自己收拾垃圾时，妈妈就表扬他："对，吃完东西就收拾干净，这样既整洁又卫生！"慢慢地，孩子开始知道自己该做什么，不该做什么，而不用等待妈妈的吩咐了。

2.尊重孩子的感觉

孩子都有自己的想法，尽管他们的想法可能是幼稚的，甚至是错误的，但我们不能轻易否定他，要尊重他的感觉和选择。

妈妈带着丁丁去买衣服，丁丁看中一件上面印有奥特曼的外套。妈妈一看，那是一件质量很差的衣服，做工非常粗糙。于是，妈妈给丁丁选了另外一件。丁丁很不高兴。妈妈耐心地跟他说："那件质量不好，而且不适合你。这件质量好，比那件还贵呢！"可是丁丁说："这件虽然好，但是没有奥特曼，不是我喜欢的。"

其实，孩子并不想买多么高档的东西，他们更注重自己的兴趣。只要孩子喜欢，就是买一件质量差的又有什么关系呢？

3.给孩子一些选择的机会

在听话的孩子身边，往往有个细心、周到、能干且具有绝对权威的家长，他为孩子计划好了一切，却忘记了询问孩子的意见。父母应该多听听孩子的意见，多给孩子一些选择的权利。比如，家长可以问问孩子"今天咱们是去游乐场还是去植物园呢""明天奶奶过生日,咱们送给奶奶什么生日礼物好呢"。要记住,一旦你把选择的权利给了孩子,就要接受孩子的选择。

4.给孩子更多做事的机会

当孩子想要你帮忙拿挂在高处的东西时,你可以不直接帮助他,而是换个方式:"你自己有办法拿到吗""如果站到沙发上,可能会站不稳……对,站椅子上是个好办法""我想这个椅子对你有些大,你可能搬不动……嗯,这个小椅子很合适""哇,你居然用晾衣叉自己拿下来啦,真聪明"。

5.孩子的自由规定原则

给孩子最大限度的自由,才能培养孩子的独立性。不过即使这样,我们也不能让孩子任意妄为。父母应该给孩子定下一个原则,在这个原则之下,给孩子充分探索、自由活动的时间和空间,不要紧盯孩子的一举一动。比如,父母可以定下规矩:在外面玩不能去马路上,只能在楼前的这片空地上玩。但至于怎么玩、和谁玩,由孩子自己决定。

家长是孩子的第一任老师,沟通方式的正确与否直接影响着孩子的一生,古今中外的成功人士身上,都有一个优点,那就是有主见、有思想、有魄力,这样的人正是做大事的人,也是历经社会折磨和苦难的人。因此,家长必须要认识到,虽然我们要教导孩子听话,但是"为孩子拿主意"的想法是永远行不通的,鼓励孩子大声说出自己的想法,才能让他慢慢自立起来,成为一个有用的人!

再忙，也要抽出时间多陪陪孩子

我们不得不承认，孩子在成长的过程中，总是会遇到这样那样的问题，这需要身为父母的我们进行引导和沟通，对孩子脆弱的心灵进行呵护。

而不难发现，一些父母，因为忙碌的工作而忽视了与孩子的沟通，他们认为，教育孩子，只要让他们努力学习即可，实际上，学习知识只是对孩子教育的一个方面而已，家庭教育的一个重要职责是让孩子拥有健康的心理素质和独立完善的人格。而正是因为缺乏沟通和关注，不少父母发现，孩子越来越不听话了。其实，你越是不陪伴孩子，孩子离你越远，更别说让孩子接纳你的意见了。

丹丹是个可爱的女孩，现在的她已经十岁了，谁初次见到她，都会忍不住和她多说几句话，但谁知道，丹丹和父母的关系并不好。

其实，丹丹很可怜，她刚出生后，父母就离婚了，爸爸把她交给保姆带，而这个保姆除了定时给丹丹做饭外，也不怎么和丹丹说话。

一个周末，爸爸带了几个同事还有他们的孩子来家里做客，丹丹也不理他们，过了会儿，其中一个小朋友想玩丹丹的芭比娃娃，但谁知道丹丹就是不给，爸爸告诉她要分享，结果丹丹说："要你管我，平时看不到人影，你没资格教训我。"

当着这么多同事的面，丹丹爸爸竟然无言以对。

从心理学的角度来分析，丹丹之所以会顶撞她的爸爸，而且让爸爸无力应付，其实就是因为丹丹爸爸在平时忽略了对孩子的关注，让孩子产生了对抗情绪。

家是孩子心灵的港湾，父母是孩子的第一任启蒙老师，也是孩子行为的榜样，作为父母，我们陪伴孩子，就要多与孩子沟通，平时工作再忙，也不可忽视这一点，这不只是融洽亲子关系、让孩子听话的前提，更是梳理孩子成长烦恼、让孩子获得心理健康的重要方法。

北京大学儿童青少年卫生研究所最新公布的《中学生自杀现象调查分析报告》显示：平均每5个中学生中就有一个人曾考虑过自杀，占据被采访者的20%左右，而为自杀做过计划的占6.5%。而这一现象的根源与心理承受力有关。

作为父母，我们要认识到，我们的孩子始终要离开家庭和学校，然后步入社会。未来社会是充满变化的，任何一个孩子都要面临着很多可能出现的挑战，比如情场失意、事业困境，生意败北……总有一天，我们要先我们的孩子而去，如果孩子没有过硬的心理素质和健康的心理状态，如何在这样激烈的竞争中取胜呢？

所以，父母要时刻观察孩子的行为动态和心理变化，关注他们的身心健康，要多陪伴孩子，与孩子沟通，关注孩子，让孩子感受到来自父母的爱。

作为家长，要这样做：

1.为孩子营造和谐的家庭环境，让孩子愿意与父母沟通

父母、家庭成员之间相亲相爱、关系和谐，这是解决孩子所有问题的前提。事实上，在这样的环境下成长的孩子出现心理问题的几率更小。对此，专家建议，家长应为孩子提供一个安定、和谐、温馨的家庭氛围，要让孩子一颗纷乱的心安定下来，这样孩子才会愿意与父母沟通，也才愿意敞开心扉接纳来自父母的帮助。

2.随时观察孩子的情绪和心理变化

我们父母，在生活中，不要只关心孩子的学习成绩、名次，也要关心他们的情绪变化，比如孩子在学校有没有受到什么委屈，学习上是不是有挫败感，最近跟哪些人打交道等。当然，了解这些问题，我们要通过正面与孩子沟通的方法，不要命令孩子告知，也不可窥探。

只有让孩子真正感受到来自父母的关心，他们才会愿意向你倾诉想法。

事实上，我们的孩子都是脆弱的、敏感的、容易受伤的，当孩子出现不良情绪时，你要让孩子尽情宣泄，就让他去哭个涕泪滂沱，而不是劝孩子"别哭别哭""男孩子不能哭"这样的话。告诉孩子："我知道你很难过。"或者什么都别说也好，给孩子独处的空间和时间去消化自己的情绪，帮孩子轻轻带上门就好。

3.压力是百病之源，帮孩子卸下心理压力

曾经有这样一则调查报告，报告称：在被访的学生中，35%的学生称"做中学生很累"，有34%的学生表示有时"因功课太多而忍不住想哭"，对于孩子遇到的高强度的学习压力，不少父母给予的并不是理解，而是继续施压。让很多父母恐慌的是，在被调查的学生中，竟然还有20%的学生有过"不想学习想自杀"的念头。

总之，父母要明白，家庭教育对孩子极为重要，我们无论再忙，也要重视与孩子的沟通，并且在平时多注意观察孩子情绪、心理情况。如果发现孩子出现情绪、心理问题时，家长首先要做的就是从自己的角度去找原因，然后与孩子进行沟通，帮助孩子找到适合他自己的方法，科学地教育和引导孩子。

第3章

用心交流，家长会说话，孩子才会听话

作为父母，我们都紧张孩子的成长，但对于孩子的培养，不仅是学习成绩上的，更是心态、品质上的。孩子在成长的过程中，难免会遇到一些问题，此时，就需要为人父母的我们对其进行引导，需要我们与孩子进行沟通。一些父母感叹孩子不愿意与自己说话，更不愿意听话，但其实，你是否反思过，你是否会说话呢？实际上，我们只有放下架子，并找到和孩子沟通的方式，从孩子的角度说话，才能真正把话说到孩子心里，让孩子接纳我们的意见，也才能引领孩子健康成长。

表达信任，孩子才愿意敞开心扉

有人说，当父母其实是一连串自我修炼的过程，尤其是要学着与孩子沟通，家庭教育的核心就在沟通。而沟通是双向的过程，我们若想孩子敞开心扉，第一步就是信任你的孩子，这要求我们学着去欣赏孩子看似"脱轨"的行为，重视孩子的意见和情绪，即使你明明就觉得他说的、表达的都有些问题；最重要的是，当你面对孩子时，你还必须时时刻刻自我反省，看看自己是否在父母角色上扮演得恰如其分。

我们可以说，信任是亲子间沟通的基础，教育心理学家认为，孩子很多不听话乃至对抗父母的行为，很多都是因为没有感觉到来自父母的信任。相信你的孩子，就是相信你自己，这是对孩子也是对作为家长的你的肯定，倘若没有人对孩子的能力表现出最初的信任，认为他值得得到爱、支持和关注，任何孩子都不可能相信自己。

在一次家长会上，一位妈妈这样谈自己的困扰：

"现在，我和女儿基本无法沟通了，曾经那个听话的小棉袄不见了，我想，大概是我弄丢了她吧。8月中旬，我与即将上三年级的女儿发生了一场激烈的争吵。事情的由来是这样的：女儿在我下班一进门时提出要去参加学校的朗诵比赛，一等奖的奖品是'背背佳'，我不假思索地一口否决了，'不去，妈妈给你买'。当时，我没解释、没商量、也没了解孩子的心理。结果，我的放刚出口，她的眼泪就刷刷地淌开了。看到她这样，我更生气了！'你认为你能行吗？'就这样，她一句，我一句，我们各说各的理，嗓门越说越大，声音起来越高。一气之下，我说'我不管了，让你爸爸管吧！'我拿起澡筐就往外走，孩子也扯着嗓门给我一句：'你不相信我就是不相信你自己！'"

这位女儿的话不无道理，孩子是父母一手教出来的，对孩子能力的否定同样是对自己的能力甚至是教育能力的否定，只有相信自己的孩子，给他尝试的机会，才能让孩子有历练的机会，他才会成长得更快。

成长是一个美妙的过程，而对于作为教育者的父母来说，这个过程却是艰辛而忙碌的。懵懂的孩子，要面对太多诱惑，经历太多挫折。正如这位妈妈一样，家长要想不"丢失"自己的孩子，光靠管束和告诫是行不通的。要了解孩子的思想，就必须和孩子之间建立起互相联系的"精神脐带"——沟通，不断地给孩子输送父母爱的滋养。

孩子的自尊心较强，会自然而然地认为自己能干和可爱，拥有明确、正面的自我意识，从积极的角度看待自己。自信的孩子对自己能够做成什么样的事情、取得什么样的成就持乐观态度。他们可以提高自己的要求，坚守自己的原则，开发自身的潜能。缺乏自信的孩子充满全面的自我怀疑，这使得他们易于产生内疚、羞愧之感，觉得自己不如他人。生活中，很多父母认为自己是爱孩子,但却误解了什么是真正平等地对待自己的孩子,他们以为和孩子讲话就是沟通,其实那只是形式上的平等。事实上,他们并没有真正以平等的心去待孩子,因为他们不相信自己的孩子。

家长表达对孩子的信任,应该明确以下三点内容:

(1)信任和相信他决断事情的能力、完成任务的能力、自己照顾自己的能力,以及当他足够大时负责任的能力。

(2)以他确信的方式向他表明你爱他、喜欢他。

(3)当心如下的想法:"我以前没有得到过或不需要他人帮助,他也一样。"他与你是不同的。而且,没有得到他人帮助的人常常将之说成"不需要他人帮助",以掩饰自己的失望。这就告诉父母,相信孩子,并不是对其放任自流,而应该给孩子足够的爱。

做到以上这些,父母必须从爱的基点出发,发现、发掘、抓住、肯定孩子的每一个优点和每一点进步;相信孩子的表现形式和落脚点就在于对孩子的赞许、鼓励、夸奖、表扬……相信你的孩子,才是真正地爱他,孩子也才会愿意对你敞开心扉!

拉近亲子关系,在互动中穿插沟通

随着孩子逐渐长大,不少父母都感叹,为什么孩子好像越来越不听话了,也喜欢反驳父母的话了?孩子是不是学坏了?

其实并不是，我们的孩子还小，还需要父母的保护，而此时，孩子逐步开始有了自我意识，开始渴望独立，一些孩子不仅话多，而且喜欢反驳，孩子的这一态度无疑给亲子关系带来了障碍，让很多父母无法适从。那么，作为父母的我们，该怎样解决这一问题，与孩子好好相处呢？

教育心理学家指出，父母教育孩子最好的方法就是互动，让孩子感受到平等和尊重，他们便会对你产生信任，进而愿意与你沟通成长中的问题。

那么，家长可以与孩子进行哪些亲子活动呢？我们建议：

1. 与孩子一起读书

父母往往能够在陪伴孩子一起读书的过程中，把自己的读书兴趣和习惯传递给孩子，孩子会在潜移默化中受到影响。美好的亲子阅读时光和互动，不仅能让孩子自由地发问、思考，而且能增进亲子感情。父母对书中内容的引导，会给孩子留下深刻的印象。

"在孩子还很小的时候，我们家就养成了一个习惯——陪孩子读书。后来，孩子去了幼儿园，开始认识一些字，到她五岁的时候，我和爱人就坚持每周带她去书城读书，那时候她很多字不认识，因此会缠着我们念给她听，我们之所以选择去书城，是因为那里读书氛围浓厚。我们晚上睡觉前总要给她讲20分钟左右的故事，女儿很喜欢听，经常被逗得哈哈大笑。学前班女儿学了3千字'四字童铭'，这真是件大好事，后来，她可以自己独立读书了，虽然女儿现在才八岁，但是相对于同龄女孩来说，她确实更聪慧一些。"

2.互动游戏

家长应该让孩子在游戏中学知识。每个孩子都不喜欢枯燥的学习形式，父母和他一起游戏，就能够在欢乐的气氛中把知识传递给孩子。当然，这种游戏只适合年龄尚小的孩子，不能是网络游戏。

3.多带孩子出去走走

有人说，读万卷书，不如走万里路。其实，哪一样都很重要。孩子的日常读书是一个持续的过程，而对大自然的欣赏、对民俗风情的理解，以及对另一环境里的人民的生活状态的认识，都会对孩子未来的生活和职业选择产生影响。

4.尝试着用语言表达你对孩子的爱

生活中，很简单的一个例子，如你的女儿取得了一个好成绩，做父母的需要赞扬、鼓励她，这时，如果家长单纯地用语言与孩子沟通，告诉孩子："女儿，你真棒，妈妈因为你而骄傲！"她也会很高兴，但是这种高兴劲也许没过多久就被她忘记；如果父母运用非语言与她沟通，微笑地走向孩子面前，给她一个拥抱，然后再告诉她："女儿，妈妈为你而骄傲。"这样，她将永远也不会忘记妈妈对她的赏识和鼓励。

5.让孩子学会多探索，多记忆

（1）让孩子运用多种方式探索。孩子在记忆的过程中，会调动身体的所有器官去观察和学习以及思考。所以，父母可以放开手，让孩子自己去探索。

（2）营造与孩子的亲密时光。孩子越大，越渴望被父母理解和关注，越渴望倾诉，只是很多父母忽视了孩子的这种需要。

（3）全面看待孩子的"坏"习惯。我们成人都是不完美的，更别说孩子了，他们总是有很多这样那样我们成人看不惯的"毛病"，比如喜欢接话茬。如果我们完全禁止他，要他闭嘴，在一定程度上会影响他的积极性。只有我们教导他如何正确表达自己的看法时，他才会更好地发挥自己的优点。

6.丰富孩子的课余生活

父母可以根据孩子的特性，培养孩子的一些爱好，比如，如果孩子情感细腻，你可以培养他的鉴赏能力，陪他读书，让他听名家的琴曲，这样，虽说不能培养出"琴棋书画"面面俱到的孩子，但是这对孩子性格修养、丰富孩子的精神世界和良好的心态都是有益的。

总之，父母要认识到，孩子的成长需要我们成人的参与，而互动能帮助我们拉近亲子关系，帮助我们打开孩子的心扉，进而让孩子接纳我们的指引和教育！

掌握沟通技巧，让孩子对你说真心话

我们都知道，任何父母，都希望自己的孩子把自己当朋友,对自己倾吐成长中的烦恼与快乐,然而,你是不是觉得孩子不但很难沟通,而且还喜欢与父母对抗,这是由什么造成的呢?其实,孩子也想对父母说实话,只是很多父母不懂沟通技巧,在沟通中多半端着家长的架子,甚至和孩子制气,一些急脾气的父母一旦看到孩子"忤逆"自己,更是劈头盖脸地训斥,这样,孩子又怎么愿意与你沟通呢?因此,聪明的父母会使用一些沟通技巧,让孩子把自己当成"自己人",这不但能将孩子的对抗情绪扼制住,还对维持亲子间的良好感情关系很有帮助。

小宇今年上初中二年级,最近,学校要举办一个演讲比赛,老师让小宇去参加。

小宇知道后,不但不高兴,反而闷闷不乐的,晚上回家后,小宇一头扎进了房间,也不吃饭。

爸爸敲了敲房门,说:"儿子,吃饭了。"

"不吃,别管我。"小宇语气生硬地回道。

小宇爸爸是个急脾气,正想去质问儿子,妈妈赶紧拦住。

过了会儿,妈妈敲了敲房门说:"儿子,妈妈知道你肯定遇到什么烦恼了,是吗?但是不管怎样,你需要吃饭哟,不然问题不但不能解决,还影响了身体。而且,也许你的烦恼其实并不是什么麻烦呢,如果你相信妈妈,可以告诉妈妈。"

小宇这才从房间出来,耷拉着脸说:"老师想让我参加演讲比赛。"

"这是件很好的事,你去报名了吗?"

"还没有。"

"为什么？是不是没有想好？"妈妈问。

"比赛时台下会有很多人看，我有点害怕。"

"我能体谅你的心情，这是你人生的第一次竞赛吧，其实，妈妈读书的时候一到这样的情况也会很紧张，但是要是参加竞赛的话，也可以锻炼锻炼自己，不过这件事你还是自己决定，我只是告诉你我的想法。"妈妈鼓励道。

后来，小宇自己决定参加这次比赛。

案例中，小宇的妈妈是位家庭教育的有心人，她也是明智的，她让孩子自己做决定，并且能理解孩子的心情，最终，孩子接纳她的意见。

具体来说，我们在引导孩子时，还应注意以下几点：

1.语气应温和，态度友善

父母与孩子说话，最好避免用尖锐的语气和带有恐吓的声音，而应尽量对孩子微笑，用欢快、平和的语气与孩子沟通，这样能让孩子感受到你的爱。

2.多说"我"，少说"你"

为了能让孩子觉得你和他是站在统一战线、是为了他好，你在说话的时候，不要总说"你应该……"，而应常说"我会很担心的，如果你……"。

3.分享孩子的感受

无论孩子是向我们报喜还是诉苦，我们最好暂停手边的工作，静心倾听。若边工作边听，也要及时作出反应，表示出自己的想法或感受，倘若只是敷衍了事，孩子得不到积极的回应，日后也就懒得再与大人交流和分享感受了。

4.尝试跟孩子交朋友

事实上，孩子都渴望交朋友，这就是为什么他们会有自己的朋友圈子而不愿与父母交流、对父母的观点嗤之以鼻了，而父母要是和自己的孩子交上了朋友，那就不需要再为不知道怎么跟自己的孩子交流而烦恼。

5.多用身体语言

作为父母，我们要让孩子感受到，无论什么情况，你都是爱他的，即使他做了什么错事。事实上，有时不说话，而利用身体语言，如微笑、拥抱和点头等，就可以让孩子知道你是多么疼他。

同时，与孩子身体接触，能拉近与孩子之间的距离，不难发现，有些父母只是在孩子还很小的时候才会亲孩子、抱孩子，而孩子长大一点后便忽视了这一点。然而身体接触可以令孩子切身体会父母的关怀。同时也别忘了接纳孩子对你们的爱意。

总之，理解孩子的感受、从孩子的角度沟通，对于父母来说，就是要让孩子感受到，父母是理解他的，是能够从他的角度思考和解决问题的，是和他站在同一个立场的，这样，他自然愿意对你说真心话，进而也愿意考虑你的话。

与孩子交流，别把关心变唠叨

作为父母，我们都知道，孩子总是孩子，需要家长的呵护，尤其是处于心智尚未成熟的阶段，一个不小心，孩子就可能学习成绩下滑，或者结交一些不良朋友等。因此，多半时候，我们都会对孩子的一举一动相当敏感，总是担心他们这个不好，那个不好的。然而，在很多家庭中，父母却把这种关心变成了唠叨，以为唠叨就能让孩子听话，能让孩子按照自己的意愿去做。其实，我们忽视的一点是，我们的孩子也是人，也希望得到他人的承认和尊重，他们也希望获得像"大人"一样的权利，因此，孩子讨厌的就是父母的唠叨。他们会觉得父母很啰嗦！

小杰是家里的独生子，一直被父母和爷爷奶奶宠到大，爸爸妈妈生怕他遇到什么不开心或者委屈的事。可以说，除了工作，他们把所有的精力都投入到小杰的身上，而小杰也一直感觉自己很幸福。

可是自从小杰上了小学后，小杰的爸妈发现，儿子好像变了很多，好像心里总是有很多秘密似的，而儿子也不主动与自己沟通，这让他们很担忧。为了改善亲子关系，在小杰生日那天，他们特地带着小杰去了他最喜欢的自助餐厅。

来到餐厅后，妈妈取了很多小杰最爱吃的食物，然后和爸爸一起对小杰说："生日快乐！"他们本以为小杰会开心地一笑，没想到小杰很冷淡地说了一句："谢谢！"这让他们很意外。

"为什么，你不开心吗？记得你以前最喜欢我们给你过生日了！"妈妈疑惑地问。

"没什么，吃吧！"小杰依旧低着头，轻声说。

"小杰，你要是遇到什么学习上的问题，一定要跟妈妈说。"妈妈继续说。

"真的没什么。"小杰已经有点不耐烦了。

"可是你今天真的很不对劲啊，你要是不跟我说的话，明天我去学校问老师。"

"你怎么总喜欢这样啊，烦不烦？"小杰的分贝提高了很多。

这时，爸爸打破了母子之间的尴尬，笑呵呵地说："我们儿子长大了啊！儿子说说，今天在学校都发生了什么新鲜事儿啊？"

小杰抬起头，淡淡地说："没什么事儿，每天都一样上课、下课。"爸爸不知如何接话，饭桌上一片沉默。

我们发现，这段亲子间的对话，毫无效果，其实原因是多方面的。作为母亲，小杰的妈妈在沟通技巧上还有待学习与提高：干巴巴的道理唠唠叨叨个没完没了、讲话的语气咄咄逼人，这些都会让孩子觉得你很烦，自然不愿与你继续交流。

父母本来应是孩子最愿意倾诉衷肠的对象，但不少父母往往把关心变成了唠叨，甚至招来孩子的厌烦。虽然儿童也渴望倾诉、渴望理解，但他们更需要父母使用正确的沟通方式。那么，家长在这种情况下应该怎么做呢？

1.少说话，善于察言观色

日常生活中，我们对孩子的关心不一定全部要通过语言，我们不妨学会察言观色，从一些小细节上发现孩子细微的变化。

另外，即使与孩子交流，我们也要对孩子的反应敏感些。孩子对谈话内容感兴趣时，可将话题引向深入，一旦发现孩子有厌烦情绪，就应立即停止，或转移话题，以免前功尽弃。另外，即使找到交流的话题，也应力求谈话简短有趣、目的明确，切忌啰嗦，以免造成切入点选择准确但交流效果不佳的情况。

2.用"小纸条"代替你的唠叨

沟通不一定是"用嘴说"，用小纸条也是不错的方法。

小杰是个单亲家庭的孩子，他的母亲在他三岁的时候就离开了。他的父亲就身兼母职，独自抚养小杰。父亲经常出差，出门前总会在冰箱上留一个便条："里面有一杯牛奶，三个西红柿，请不要忘记吃水果。"在写字台上留张条："请注意坐姿，别忘了做眼保健操。"

多年以后，小杰考上了大学，父亲为他整理东西时，竟然发现他把这些纸条全揭下来并完整地夹在书本中。父亲的眼睛一下子湿润了——原来孩子的情感之门始终是向自己敞开的，对自己的关爱也始终珍藏在心底。

3.关心孩子不一定非得询问学习状况

2007年《钱江晚报》曾经发表过一个有关调查，结论是："在与孩子沟通的问题上，家长指导孩子学习的内容占70%，这就是问题的症结所在。"其实,孩子成长的过程中,成绩固然重要,但是成才应该是全方位的,只看重孩子的成绩,极易产生负面的"蝴蝶效应"。任何父母,在对孩子进行家庭教育的过程中都要避免这一点。

为此,作为父母,我们在与孩子沟通的过程中,也要关注孩子除了学习以外的其他方面,如果你的儿子是个球迷,那么,你可以默默帮孩子搜集一些信息,孩子在感激后自然愿意与你一起讨论球技、赛事等;如果你的孩子爱唱歌,你可以在节假日为孩子买一张演唱会门票,相信你的孩子一定倍受感动,因为他的父母很贴心、明事理。

这种类型的交流是"润物细无声"式的,它没有居高临下的威迫感,极具亲和力,孩子也容易打开心扉,接受与父母的交流。

当然,让孩子打开心扉,与孩子交流的方式、方法远不止这些。但总的原则是:一定要让孩子觉得父母是在真正地关心他,并且是从心底里关心的那种。

用引导代替教训,孩子才愿意和你说话

孙女士是某公司的老总,她能把公司管理得井井有条,但对自己的儿子,她却用"无能为力"来形容,尤其是今年,她

的儿子更不听话了，不管她说什么，儿子总会与她对着干。在无奈的情况下，她找到了心理咨询师，心理咨询师试着与这个孩子沟通，但出乎她的意料，这个孩子很合作。

"为什么总是与妈妈作对？"

他直言不讳地说："因为妈妈总是像教训、指挥员工一样来对待我，我都感觉自己不是他儿子，所以我总是生活在妈妈的阴影里。"

心理咨询师把这个孩子的原话告诉了他的妈妈，然后把他们母子请到了一起，孙女士十分激动而又真诚地对儿子说："儿子，你和我的员工当然是不同的，妈妈希望你更出色！"

听完这句话后，心理咨询师立即给予纠正："您应该说'儿子，你真棒，在妈妈心里你是最优秀的，我相信你会更出色。"

孙女士不明白为什么要纠正，心理咨询师说："别看这是大同小异的两段话，其实有着很大的不同，前者是居高临下的指挥，后者是朋友式的赞美和鼓励，我觉得您在教育孩子上，不妨换一种方式，多一些引导，和孩子做朋友，而不是教训孩子！"

孙女士听完，若有所思地点点头。

其实，孙女士的教育方式，在中国很典型，对于孩子，他们多以教训和指挥的口气来教育。在孩子还很小的时候，也就习惯了父母的教训，但孩子越来越大后，他们开始反击，除了与父母对抗这一表现外，他们还喜欢用沉默来面对父母，于是，很多父母纳闷，为什么儿子不愿意与自己说话呢？

其实，这是我们的沟通方式出了问题。我们要想让孩子愿意和我们说话、愿意听话，首先我们自己要会说。与孩子沟通，重在引导，而绝不是教训。

因此，我们要在内心里把自己和孩子放在平等的地位，把他看成是我们家庭中很重要的一个成员来对待，遇到问题也要和孩子多商量商量，对孩子多加引导。要尊重孩子，尊重他的人格，尊重他的意见。不可动辄训斥有加，那样只会使他离你越来越远。

要想让亲子间的沟通畅通无阻，家长需要明白：

1.转变思维，摒弃传统的家长观念

我们要想使自己与孩子的关系更加亲密，让孩子乐意与自己"合作"，首先要做的就是转变思维，即打破那种传统的家长观念，不是去挑孩子的毛病，而是不断使自己的思维重心向这几个方面转移：孩子虽然小，但也已经是个大人了，他需要尊重；我的孩子是最棒的，他具备很多优点；允许孩子犯错误，并帮助他去改正错误……

2.放下长辈的架子，与孩子平等沟通

有些父母为了维护自己在孩子心中的地位，刻意地与孩子保持距离，从而使孩子时刻都感觉家庭气氛很紧张。亲子之间存在距离，沟通就很难进行，在没有沟通的家庭里，这种紧张的气氛往往就会演化成亲子关系的危机。

因此，我们不能太看重自己作为长辈的角色。因为长辈意味着权威和经验，意味着要让别人听自己的。但事实上，在急速变化的多元文化中，这种经验是靠不住的。不把自己当长辈，而是跟孩子一起探索、学习、互通有无，这种做法会让你在与孩子的沟通上变得更加自由和开明。

3.开通沟通渠道，让孩子"有话能说"，自己"有话会说"

家长与孩子交流时，要坚持一个双向原则，让孩子有话能说。比如，在交流的时候，无论孩子的观点是否正确，你都应该给予赞赏，然后可以批评指正，这样可以鼓励他更大胆、更深入地交流。同时，作为家长，更要有话会说，同样的道理，采用命令的口吻和用道理演示达到的效果是不一样的，很明显，后者的效果会更好。如果能用通俗易懂的话说明一个深刻的道理，用简明扼要的话揭示一个复杂的现象，用热情洋溢的话激发一种向上的精神，孩子自然会潜移默化，受到感染，明白父母的苦心。

总之，我们要想让孩子打开心扉与我们父母沟通，就要做到真正与孩子平等沟通。你对孩子的理解和尊重，必然有利于问题的真正解决，有利于两代人的沟通！

第4章

高效的沟通，需要合适的沟通方法

教育心理学家认为，沟通，是解决一切教育问题的良药，让孩子听话的关键就在于沟通，离开了沟通，所有的教育都将无从谈起。任何处于成长期的孩子，都希望得到成人的尊重，作为父母，我们只有从孩子心理角度出发，了解孩子身心发展的特点，才能找到与孩子沟通的关键与方法，才能让孩子接纳我们的意见，使他们更加健康快乐地成长。

与孩子沟通，找点新鲜话题

最近，林女士和她的儿子小伟关系闹得挺僵，她只好请小伟的老师来做做孩子的工作。

这天，刘老师来到她家，单独会见她的儿子。这个孩子很喜欢这位刘老师的课，所以也愿意和刘老师谈。

"我妈一回家，什么都不说，就问我的学习，不是成绩，就是听课情况，再不就是作业情况，一直唠叨，所以后来，我一回家，只要看到妈妈回来，就立刻跑回自己的房间，把门关紧，省得又烦我。"

"你妈也不容易，她在单位是领导，操心的事不少，她回家又要做饭，照顾你，够累的，爱发脾气可能是到了更年期……"

"更年期？"没等刘老师讲完，孩子就迫不及待地接过话头，"自打我上学，我妈脾气就这么坏，更年期怎么这么长？您给我来个倒计时，更年期哪天结束？我也好有个盼头！"

刘老师忍不住笑起来。她很同情这个孩子，事后她对李女士说："我们不能怪孩子不理解我们，我们也该改变改变自己了，尽管改变自己不容易。平时，我们很在乎孩子的学习情况，注重对孩子生活上的照顾，却忽视了孩子内心情感世界，特别是忽略了自己在孩子心目中的形象定位。"

林女士听到儿子对她的看法，说了句："如今当父母真难,我们小时候哪有那么多事!"可她还是答应,要改变自己对孩子的态度。

的确,从这个案例中,我们看到了,新世纪,要做好父母、与孩子沟通真是不容易。问题出在哪里?虽然学习是孩子的主要任务,但也是对于孩子来说十分敏感的话题,与孩子沟通,最好不要总是围绕学习这一话题,以避免引起孩子的反感。

做父母的首先要注意沟通的方式方法。先反思一下:您是否唠叨?您与孩子的话题是否永远都是学习、听话?您是不是经常暗示孩子一定要考上大学?那您是否发现,孩子越来越不愿意和你交流?您的孩子是不是觉得你越来越"土"?之所以请您反思,是因为如果你想让孩子听话,就要选择从孩子喜欢的话题切入,这样才能避免孩子产生对抗情绪。最好的做法是改变我们自己的做法,打开与孩子交流之门,缩短与孩子的心灵距离。

事实上,要知道,学习是大多数青春期孩子最反感父母与之唠叨的一个话题,要想跟孩子做好沟通,最好避开这一话题。

然而,不少父母会问,我该和孩子聊什么呢?其实,要和孩子做朋友,就必须与时俱进,了解你的孩子在想什么,了解孩子才有共同语言。那么,哪些话题更适合与青春期的孩子沟通呢?

方法一:谈点孩子感兴趣的话题

任何谈话,如果双方所交谈的话题是交谈者自己感兴趣的话题，他就会投入十二分的热情，但是如果他对所说的话题没有丝毫兴趣，即使场面再大，对方热情再高涨，他也会觉得寡淡无趣的。父母要想和孩子和平相处，并得到对方的认同，就要彻底地了解孩子的所"好"，了解他感兴趣的话题，比如，孩子最喜欢的球星是谁？他喜欢什么样款式的衣服？他最喜欢做的事是什么？从孩子最关心的这些话题开始谈起，才会激发他的沟通意愿。

方法二：谈点新话题

这些新话题应该是在孩子们之间流行的，比如，最近哪个明星最红，足球赛哪个队赢了等。了解这些新事物，能让孩子觉得父母不土，也就愿意与父母沟通了。

方法三：谈孩子知道而家长不知的话题

时代在发展，社会在进步，孩子的思维和知识面未必不如父母。作为父母的我们每天为了工作和柴米油盐奔波，可能有很多不了解的知识，此时，我们可以向孩子请教，这样能让孩子感觉到父母对自己的尊重，一旦打开了沟通的心门，再让孩子从心底接受父母的教育和引导也就不是难事了。

可见，现代家庭中的教育，已经不像从前那么简单了，作为家长，若想获得家庭教育的成功，首要的是重视与孩子的沟通，而沟通需要围绕一定的主题，我们要想让孩子接纳我们的观点、真正把我们当朋友，就要避免总是从学习问题谈起，只有这样，亲子间的沟通才是轻松的，也才是能让孩子孩接受的。

选择合适的场所沟通，易于让孩子接受你的意见

生活中，不少父母感叹，为什么孩子年纪还小就开始叛逆了？其实，任何年龄阶段的孩子都有一定程度的叛逆情绪，主要表现在对抗父母、不听话，这是因为，随着成长，他们逐渐产生了自我意识，他们对父母和老师之言不再"唯命是从"了，甚至开始嫌父母和老师管得太严、太啰唆，对家长和老师的教育产生逆反心理。他们心里有什么话不愿意向别人诉说，对于父母和老师的批评和劝导，不像以前听话了，甚至产生抵触、不顺从的情绪。更为严重的，有些孩子会对父母产生对抗情绪，即你要求我怎样，我偏不这样，而有些不理解孩子的父母，会更加控制孩子，直接影响到孩子与其之间的关系，以致孩子离家出走、离校出走，甚至走上犯罪的道路。

为此，很多父母都感叹：到底怎样和孩子沟通？其实，很多时候，只有沟通的愿望是不够的，还要讲究方法，而选择合适的沟通场所就是其中一个要求。我们先来看下面的案例：

柳女士一直在国外工作，她的儿子康康也就一直住在外婆家里。就在前年，康康要上小学了，柳女士意识到儿子教育问题的重要，就回国了。这两年以来，母子俩相处得不错，可是康康似乎总是对母亲畏惧三分。最近，柳女士准备让康康参加口算大赛，当她问儿子的想法时，没想到儿子这么回答："妈妈，我不想参加。"

"能告诉我原因吗？"

"没为什么，就是不想参加。"康康的回答让柳女士很不高兴。

"为什么？你还好意思问，你这两年住在家里，这孩子一点都不高兴。无论是考试，还是大大小小的比赛，只要康康发挥得不好，你就责怪，还在亲戚面前说他。他已经八岁了，是有自尊心的。我只知道我那个活泼、自信、开朗的外孙已经不见了。这孩子现在一点自信都没有，还参加什么大赛？"在厨房干活的康康外婆生气地对女儿说了这一番话，柳女士若有所思。

为人父母，我们除了给孩子生命，还需要教育他们。儿子犯错了，批评管教少不得，而孩子心灵是脆弱的，我们批评教育孩子，一定要选择好场所，不可伤害孩子的自尊。

有些父母认为，和孩子说话，当然是选择家里了，其实，也不一定，要视具体情况而定。具体来说，可以分为以下几种情况：

1.表扬孩子的话，在人前说

哪怕是孩子，也知道什么是面子，当他们获得了好的成绩后，他们都希望得到父母的肯定，希望获得他人的认同，如果我们能理解孩子的这种心理，在人前表扬他，让大家看到他的成绩，一定能让他更有自信。

2.批评孩子的话，关起门来说

有位家长在谈到教育孩子的心得时说："有一天晚上，吃过晚饭以后，我打开自己的邮箱，发现有儿子来的一封信，信的内容是：'妈妈我给你说件事，你以后就只说我不听话，别在人家面前说我不听话，不然很没面子。'我很庆幸，孩子能给我提出来，而不是闷在心里。但同时心里也好酸，心情也久久无法平静，我从前真的没有考虑儿子的感受，他已经十三岁了，也知道什么是面子，孩子的心是多么的敏感脆弱。于是，我给儿子回了封信，向他保证以后不在人家面前说他不听话了。"

的确，任何孩子都是渴望表扬的，他们都有自尊心。与孩子沟通，尤其是批评孩子时，我们一定要选择好场所，不可人前批评，伤害孩子的自尊。

总的来说，我们可以总结出：如果你是要鼓励和赞扬孩子，可以选择人多的场合，让大家都看到他的成绩，当然，如果你的孩子容易骄傲的话，则应排除在外；如果涉及隐私问题，或者指出孩子的失误、缺点或者批评他的话，则应该在私下里，选择没有别人在的场所。因为无第三者的环境更容易减少或打消孩子的惶恐心理或戒备心理，从而有利于谈话的进行。这样还可以避免当众伤害孩子的自尊心，利于让孩子说出心里话，加强你与孩子之间的沟通。

另外，如果你需要和孩子静心交流、和孩子谈心的话，则应该选择一个平和安静、风景美丽的地方，因为这样的地方可以让彼此心平气和，情绪稳定，心情舒畅，让谈话的双方易于接受他人的意见。比如，父母可以利用周末或假期，带孩子到公园或风景游览区,一边游玩,一边说说悄悄话,这样的沟通和交流一定会起到很好的效果。

打骂毫无作用,巧妙引导更有效

我们不能否认,每一个孩子都是伴随着问题成长的。面对孩子的一些错误的行为,很多家长一直沿袭传统的教育方式——打压式,并和孩子斗气,企图将孩子的错误行为和观念遏制住,进而让孩子听话。然而,实际上,这种方式多半是无效甚至是适得其反的。因为如果我们总是板着面孔训斥,或者声泪俱下唠叨,久而久之孩子也不吃你这一套了,我们的教育如果只是让他感到恐惧和心烦,那么他除了逃避,还能怎样呢?许多孩子身上的毛病,比如撒谎、顶牛、冷漠、暴力,等等,说不定就是对我们粗暴简单的教育方式的逃避和反抗。

有时候,我们教训粗鲁,情绪激动,忍不住劈头盖脸,滔滔不绝,结果他也愤怒,越说越僵,双方都气急败坏,最后不仅教育的目的没有达到,反而还破坏了做事的心情,很多的时间都耽误了。更可怕的是,下次再有类似的事情,孩子根本不愿意与你沟通了,家长和孩子之间的障碍就是这样形成的。

有位妈妈就遇到了这样的困惑:

甜甜是个很可爱的三年级女孩,性格活泼,爱吃零食,对东西很不爱惜。新买的衣服，她穿几天就不喜欢了，扔到一边不予理睬，对家人也漠不关心。为此，妈妈很是伤脑筋，正在她准备让女儿尝尝家法的时候，丈夫出来阻挠，他告诉妻子，打是没有用的，不妨对女儿进行一次"忆苦思甜"教育。妈妈觉得有理，就花了400元，买了两张票，陪女儿去看芭蕾舞剧《白毛女》。

看完回家后，她问女儿有什么感想，女儿想都没想就说："喜儿去当白毛女，我看是让她爸逼的。借债还钱本来就是天经地义的事，杨白劳借了黄世仁的钱，为什么不早点儿还给人家，逼得女儿躲进山里？喜儿也够傻的了，黄世仁那么有钱，嫁给他算了，干嘛要到深山老林去当白毛女？"

女儿的回答让妈妈目瞪口呆。

"我女儿好像是从另一个星球来的，怎么什么也不懂，真拿她没办法！"

这位妈妈困惑了。自己小时候看《白毛女》电影时，为喜儿流了那么多眼泪，恨死了黄世仁，可今天同样的故事，孩子怎么看不懂了呢？

那么到底该怎么办呢？孩子是打也打不成，骂也骂不得，文化教育也是无效。此时，丈夫对她说，孩子不懂历史，又没有体验，她不知道今天的好日子是怎么来的，当然会产生这么幼稚的想法。

于是，这天晚上，妈妈和爸爸都放下手头的事，协同爷爷奶奶一起，谈起了那个艰苦年代的生活。刚开始，甜甜有点不耐烦，但听到后来，甜甜越听越有兴致，听完后，她说："我终于知道妈妈为什么带我去看舞剧了，也明白奶奶为什么那么节约了，我以后也绝不乱花钱了。"

听到女儿这么说，夫妻俩相视一笑。

这里，我们发现，这位夫妻的教育方法是正确的，当孩子有大手大脚、浪费的生活习惯时，他们并没有选择与孩子斗气的方法，对孩子进行打骂教育，而是寻找更为积极的方法，在前一种方法行不通的情况下，他们便让孩子了解历史，了解父母所经历的风雨，继而让孩子了解到父母的良苦用心。

的确，可能很多父母认为孩子不懂事，不理解父母甚至不听话，但你真的了解孩子吗？他们与我们有着不同的成长环境，又怎么能要求孩子与我们有同样的行为习惯呢？而要改正孩子的行为和观念，强行压制是没有用的，正确的方式是根据孩子具体情况进行巧妙引导。

所以，首先，家长应该有这样的意识，孩子是孩子，我们自己是自己，这是两码事。虽然孩子的思维和心理发展还不成熟，但是他拥有和成年人一样的人格尊严。此外，尊重不代表同意、支持，更不是全盘接受。尊重不等于放任与放纵，更不是放弃，尊重是允许对方以不同于自己的方式存在。在遇到分歧时，我们不妨按以下三步来试试：

（1）先考虑一下孩子的意见，看是否有道理。

（2）与孩子一起讨论，可以相互妥协，各让一步。

（3）如果双方意见统一了，就按照约定去做，如果不统一，要讲道理，有的也可以先搁搁再说。

另外，在与孩子沟通时，家长需要注意：

1.注意场合和时间

与孩子交流感情的时候，最好是睡觉前，这是孩子心情最为平稳的时候。

2.创造和谐的沟通氛围

和谐的气氛永远是与孩子沟通的最好添加剂，要专心听他们的意见和看法，理解他们的情感和需求。

3.平行的对话艺术

聪明的家长与孩子谈话时，并不总是正面对着，而是并肩同行，朝着一个方向，这样谈起话来，显得轻松、自然、很有人情味、孩子愿意听、也乐于接受。

风趣幽默的沟通方法，让孩子轻松接纳

在家庭教育中，家长与孩子的沟通方法多种多样，但总的来说，不外乎疾言厉色、心平气和、风趣幽默三种。家庭教育的本质也可以归结为"沟通"二字，无论哪一种方式，都离不开生活理念的灌输，但是不同的灌输形式产生的效果也大不相

同。疾言厉色可以威慑孩子，但它容易让孩子产生对抗心理，是一种不得要领的方式。心平气和式的沟通能使孩子体会到自己与父母在人格上的平等。但由于语言平淡，不疼不痒，无法产生持久的效果。风趣幽默的教育触动的是孩子活泼的天性，因而更能在他们的心灵中留下不灭的印迹，使他们更愿意接纳我们的意见。

而事实上，中国传统的家庭教育大都严肃多于宽容，从一些俗话便可见一斑，如"三天不打，上房揭瓦""棍棒底下出孝子"。在这种教育思想影响下，父母与孩子的关系往往会非常对立。殊不知，最好的家教应该是略带一些幽默。

老李的工作单位近几年来经济效益不好，月月开个七八百元钱，有时候还到不了这么多，媳妇又是下岗工人，拉扯两个孩子上学，并且赡养着一个七八十岁的多病母亲，日子过得紧紧巴巴的。可人家紧紧巴巴的日子，过得并非"愁眉苦脸"、鸡飞狗跳的。

一天，大小子吵着爸爸给买把火炬，爸爸没有马上生硬地训斥孩子随便要钱买东西，而是温和地说："儿子，假如你要买的火炬不是急着用，就暂时缓一缓。这一段时间，咱们家的军费开支已经超过预算了，再买火炬，你妈妈可要发火了。"一席话，孩子乐了。

老李的沟通方法是值得很多父母学习的。他在教育子女的过程中，加进了"幽默"的元素，立刻使关系平等化了，气氛和谐化了。

幽默是父母与孩子沟通的有效方式。世界上有人拒绝痛苦，有人拒绝忧伤，但绝不会有人拒绝笑声。在与孩子沟通时，一个父母如果经常能想到寓教于乐，再顽皮、再固执的孩子也会转变的。幽默表面上只是一种教育手段，实际上它贯穿的是一种乐观精神，一种坚信明天会更好的执著，反映了教育的人文本质。

这天，正在上班的老张接到学校老师的电话，原来，儿子违纪了。他知道儿子有隔着很远的距离向废纸篓内投杂物的习惯，即使散落其外也置之不理，原来儿子在学校也是这样。乱丢乱扔是学校三令五申反对的不良习惯，也是班级公约明文禁止的违规行为。对此，老张很生气，准备晚上回家后好好教育儿子。

晚上，老张把儿子叫到书房的时候，儿子是一副诚惶诚恐的模样，想来他已经知道爸爸找他所为何事，似乎也做好了接受疾风暴雨式"批斗"的心理准备。老张这时候突然想到一个问题，一旦孩子处于这种高度"防范"的状态，采取任何不理智的手段和方法不仅无法收到预期的教育效果，甚至可能引发对立和对抗。换一种教育方式，说不定会出奇制胜，他很想试一试。

于是，他故作随意的样子问儿子："你是不是比较喜欢打篮球？"儿子听了一怔，继而不好意思地挠了挠头说："还行,但球技不怎么样。"

"是吗?所以你就想借助一切机会来练习自己的投篮?"

听爸爸这么一说,本来已经满脸通红的他越发显得局促不安了。最终的结果是,他不但承认了自己乱丢乱扔的错误,而且真诚地表示要努力加以改正。

一次本当"秋风扫落叶"般的教育却以幽默的方式取得了令人满意的教育效果,老张深以为幸。

很明显,老张的幽默式教育方法奏效了。

可能很多父母会有这样的疑问,到底该如何运用幽默教育孩子呢?我们可以试着这样做:

1.以生活细节为素材

有些父母认为,运用幽默方式教育孩子并不容易,不知从何处入手。其实,幽默并不是那些口才了得的人才能运用,幽默的素材就在我们生活的周围。比如,你可以在茶余饭后和孩子一起进行幽默的智力回答,比如,脑筋急转弯,也可以和孩子一起交流白天发生的有趣事件等。

2.孩子犯错,以轻松宽容的心情面对

在正常情况下,孩子犯了错误,父母一般都采取急躁的态度,也控制不住自己的情绪,甚至对孩子大加指责,而这样做,不仅不能让孩子认识到自己的错误,甚至还会让孩子产生反感的情绪,甚至怨恨父母。因此,在孩子犯错的时候,父母要注意提醒自己控制好情绪,耐心地和孩子交谈,尽量对孩子微笑，消除孩子的抵触心理，这样才能让孩子听你的教导。

3.语言生动有趣

生动有趣的语言，一般都能引起孩子的注意，比如，当孩子把房间弄得很乱时，我们可以这样说："哎呀，房间这么乱，我快要晕过去了，快来扶我一把。"此时，孩子不仅会为之一笑，还会认识到自己房间的脏乱。

4.多利用"现成的"幽默材料

可能有的父母天生缺乏幽默感，不苟言笑，他们认为自己是无法使用幽默这一教育方法的，对待这种情况，只要你善动脑筋，具备耐心和爱心，多找些身边现成的幽默材料，那么，也是可以和孩子轻松地沟通的。你可以多阅读笑话、幽默小品等，培养自己的幽默感，还可每天读几则幽默故事给孩子听，陪孩子看动画片等。

应该说，在亲子沟通中，在家庭教育的过程中，义正辞严的说教是必需的，在很多情况下堪称不可或缺，只是为父母者也要清楚地知道，诙谐风趣的幽默在一定情况下也许能够收到事半功倍的效果。

不过，需要提醒的是，尽管教育幽默有时会收到超乎寻常的理想效果，但是，一定要取之有道、操之得法、用之适度，否则，便是无谓的油嘴滑舌。

更为重要的是，千万不能将对孩子的讥讽和嘲笑也视为幽默，这样的"幽默"纯属有害无益。

换位思考，多从孩子的角度沟通

古语说："儿行千里母担忧"，孩子是父母生命的延续和希望，是父母心中永远的牵挂。父母都期盼自己的孩子能成才，然而要使孩子健康地成长，家庭教育也是不可或缺的。有一个比喻说得好：孩子就像风筝，父母就是放风筝的人，孩子飞多高多远，就看怎么放手中的线。作为父母，我们经常感叹，如果孩子都能学会换位思考，学会将心比心，那么生活中一定会多份理解、和谐、幸福！其实，换位思考下，我们父母何尝不是如此呢？孩子毕竟是孩子，我们不能强求孩子按照我们的想法去生活和学习，相反，我们应该学会从孩子的角度考虑，在与之沟通中，也要表达对孩子的理解，这样，亲子关系一定会更融洽，沟通氛围也会更轻松！

苏霍姆林斯基讲过这样一个故事：

他小时候住在一间杂货铺附近，每天都能看到大人把某种东西交给杂货店老板，然后换回自己需要的物品。有一天，他想出一个坏主意，将一把石子递给老板"换"糖，杂货店老板迟疑片刻后收下了石子，然后把糖换给了他。苏霍姆林斯基说："这个老人的善良和对儿童的理解影响了我终身。"

这位杂货店老板不是教育家，但他拥有教育者的智慧：他没有用成人的逻辑去分析孩子的行为，而是从孩子的角度，用宽容维护了一个儿童的尊严。这个故事对家长有一定的启示：

教育孩子重在理解，重在引导，家长只有体验他们的感受，才能对症下药。

具体来说，我们在沟通时，需要注意两点：

1.关注孩子的成长，尤其是孩子的心理变化

父母应经常注意孩子的心理变化和需求，如果你的孩子犯了错误，要善于引导他们，要指出问题的严重性，提出解决的办法，使之自觉改正错误，而不应该横加指责。

2.尊重孩子的智力和能力，要有耐心

在和孩子一起学习的过程中，对于孩子遇到的问题，你不必马上给出答案，而应该和孩子一起钻研，与孩子共同解决问题。当孩子面对思考问题上的不足时，不必急于指正，这时我们可以坦率地承认自己也犯过类似错误，然后巧妙地指出孩子的错误，这对培养孩子的自信心有极大的帮助。

3.放下家长的架子，主动沟通

在家庭教育中，如果我们也能放下家长的架子，向孩子示弱，那么，你的孩子你不仅会把你当父母，还会把你当朋友，因为他感受到了自信心、成就感和一种平等感。的确，在孩子心目中，大人几乎是无所不能的，如果他连大人提出的问题都解答了，他自然会有成就感。于是，孩子会一点点成熟起来，再不是父母眼中的小不点儿了，什么事情他都会愿意与家长分享和分担。

4.让孩子自己思考

孩子在生活或学习的过程中，必然会遇到一些问题，如

果我们处处为孩子指导，那么，他要么形成依赖，要么对抗父母。要想让孩子真的听话且有主见，家长就要教给孩子分析问题的方法、考虑问题的思路，让孩子自己去分析和思考。经过长期的训练，孩子遇到问题后自然就知道该如何思考了。

5.不要过多地干涉孩子，否则只会适得其反

专家建议，家庭教育对孩子影响相当大，孩子的第一任老师是父母，不少孩子成为问题儿童的原因主要就是缺乏与父母沟通。因此，父母在平时要加强与孩子的交流，不要强迫孩子去做一些事，而应该给孩子自由成长创造空间。比如，如果你的孩子不喜欢弹钢琴，那么，你就应该尊重孩子的想法。另外，对于孩子的学业，我们也不应该过多干预，孩子已经开始认识到学习的重要性，整天唠叨与叮嘱反而让孩子反感。

总之，在亲子沟通中，多理解孩子的感受、站在孩子的角度说话，能让孩子感受到父母的理解，那么，孩子自然也愿意理解父母的良苦用心，进而接纳你的引导。

第5章

做知心父母，让孩子听话先要听孩子说话

人际交往中，我们都知道倾听的重要性，而其实，亲子沟通之间也是如此，很多时候，孩子不听话、对抗父母等，其实都有一定的心理原因，这需要我们放下手中事，多鼓励孩子诉说，专心倾听孩子说什么、说话的语气声调，同时以简短的语句反馈给孩子。这样，父母才有可能经常倾听到孩子的心灵之音，你的孩子才会将负面情绪倾吐出来，也才愿意听你的话。

倾听孩子的心声，让他畅所欲言

任何父母，都希望自己的孩子把自己当朋友，他们都希望孩子向自己吐露心声，更希望孩子听自己的意见，但事实上，我们看到的却是很多父母和孩子之间上演的口水战，一些孩子因为父母剥夺自己说话的权力而和父母争论。久而久之，一些孩子也不再愿意与父母沟通了。而聪明的父母都会引导孩子发表自己的意见，让孩子畅所欲言。

其实，孩子要求发表意见、要求自主的意识是随着年龄的增长越来越强烈的，父母要给予孩子的是尊重，给他发表意见的机会，而不能压制孩子。你愿意听孩子说话，孩子也才愿意听你的话。

然然是个很可爱的女孩，但父母惊异的是，这么小的女孩居然总是有自己的想法。然然说："我已四岁了，不再需要别人告诉我该做什么、该怎么做，我想自己做主，掌握一切事情。""妈妈要我上床睡觉，可我不想睡时，有一个好办法可以拖延时间，如不断提出问题，妈妈没回答完，我就不必睡觉。"然然希望自己控制睡觉前的活动，于是会选择性地要求妈妈讲故事、唱儿歌给她听、陪她在被窝里窝一会儿，或者再回答她一个问题等。

当妈妈满足其种种要求后，准备离开她的房间时，然然又会再提出"最后一个"问题。而这个"最后"的问题常常不止一个。于是，请自己可爱的女儿上床睡觉变成整个家中相当冗长的仪式。

然然的这种表现就是这个年龄段孩子要求自主的外在反映，是孩子要求父母接受自己意见的方式，随着年龄的增长，孩子能从环境中慢慢地体会到"权力"的存在，也相信自己有运用"手段"的能力，如利用提问题的方式规避睡觉。在这种情况下，他感觉到自己的权力受到了肯定，甚至感觉到父母对自己的重视和无奈。

父母对孩子的这种"自主"的要求，应该感到开心。毕竟，要培养出一个有判断力、责任感的孩子，前提是父母必须懂得权力的授予。所以说，孩子希望自己决定上床的时间，父母可在能接受的范围之内，给予孩子一定的权利，这样才是双赢的做法。

为此，作为家长，要明白以下几点：

1.尊重孩子，给孩子说话的机会

家长要把孩子看作一个独立人，他们有权发表自己的意见，父母不必过多地限制。家庭生活中出现的一些问题，也可以让他们去尝试，自己去判断、思索、体验。当然，尊重孩子的人格和自我意识并不等于放任孩子。在他们成年之前，父母可以引导他们，帮助他们辨别是非，培养他们独立思考，学会选择自己的人生目标。

2.了解孩子的心理需求，并在合理范围内给予满足

有位美国学者，他到监狱里面去访问50个罪犯，研究他们是怎么犯罪的。他发现了一件很有意思的事：有一个罪犯说他是从撒谎走向犯罪的。他为什么要撒谎呢？他小时候，家里面兄弟姐妹好几个，有一次分苹果吃，其中一个苹果又大又红，孩子们都想要那个大红苹果。老大说："妈，大的红苹果给我吃。"妈妈瞪他一眼说："你不懂事，你怎么带头吃大的呢？"

这个罪犯回忆说，当时他观察发现，谁越说要，他妈妈就越不给谁，谁不吱声或说了反话，谁就最有希望得到。这时他就撒谎说："妈妈，我就要最小的苹果。"

妈妈说："真是个好孩子，就把大苹果给你。"说假话可以吃到大苹果！啊，越想要就越不说，到时候，你"表现好"就可以得到。孩子为了吃大苹果就说假话，你看这就是妈妈的失误。

每个父母都希望自己的孩子诚实守信，不喜欢撒谎的孩子。但是，许多孩子却表现得不如人意。究其原因，这大多是由于后天的某种需要引起的，比如为了满足吃的、玩的需要，甚至是为了逃避受批评、受惩罚，这些都助长了孩子撒谎的恶习。这样的孩子只会危害社会。

所以，父母可以从孩子发表的意见中分析到孩子的需要，尽量满足其合理的部分。而家长满足孩子的时候应该用孩子的眼光来看待事物，要分析孩子的需要，认真倾听孩子的心里

话，而不要以成人的想法推测孩子的心理。

当孩子向父母讲述了他的需要后，父母应该跟孩子一起分析，让孩子明白哪些是合理的、正确的，然后及时满足孩子合理的需要；对于不合理的需要，则要对孩子讲明道理。千万不要觉得孩子还小，或者觉得事情无关紧要就放纵他们。长此以往，孩子就会不断地强化不良行为，形成不良的品格，而这将最终影响到他的人生。

现实生活中，很多父母看似为孩子包办一切，一切是为了孩子好，但听见自己的孩子提出一些自己的想法时，却不分青红皂白就加以苛责、训斥，甚至打孩子，这无疑是给孩子精神上的打压，长期在父母的这种态度下生存的孩子又怎敢发表自己对于家庭建设的一些意见呢？因此，父母要想培养出一个有主见、独立创新且愿意听父母话的孩子，就要做有心人，为孩子发表意见创造愉悦的氛围，以感染孩子的心灵。孩子尽管年龄小，但同样会体会到家长对他的尊重和信任，也就能自信地成长！

多听少说，别总是对孩子发号施令

这天，某教育咨询室内，来了一位母亲，她这样陈述自己的教育苦恼："当了十几年的妈妈，我第一次发现，教育孩子这么难,我家小子现在也不知道是怎么了,以前,我儿子很听话的,但是现在好像越来越讨厌我了,无论我说什么,他都听不进去,总是左耳朵进右耳朵出,于是,我的办法就是大声地吼他来提高他的听进率。不过,事后我又总觉得这样不好,会不会给他留下什么阴影呢?我该怎样办最好呢?"

对于这位女士遇到的问题,教育专家给出的建议是:最好不要吼孩子,这样不仅无济于事,还可能让被压制的孩子爆发出来,进而反抗父母,对父母发脾气、顶撞父母等。事实上,据调查,74%的孩子希望妈妈不唠叨。的确,通常来说,在父母中间,一般母亲在孩子的衣食住行方面倾注的心血更多,但随着孩子逐渐长大,他们便把这种关心当成唠叨,甚至对母亲的话充耳不闻。这是为什么呢?

不知道你是否发现,随着孩子逐渐长大,他们的独立意识开始萌芽,虽然不如青春期的孩子有强烈的独立愿望,但他们也不愿意再像"小孩子"一样服从家长和老师,他们希望获得像"大人"一样的权利,因此经常固执地与父母顶撞。不愿与父母沟通交流,对父母的教导表示厌烦。

这些都是正常现象。而很多父母和案例中的这位女士一样,孩子不听,就加大唠叨的强度和数量。但这样真的有效吗?答案当然是否定的。

孩子不听话,乃至对抗父母,无非几点原因:家长讲话太啰嗦,孩子烦;家长太专制,孩子被压抑;或是孩子做错事,害怕被大人责怪等。

不管是哪种情况,家长都要注意以下几个方面:

1.多听少说,了解孩子内心的真实感受

我们不能否认,有时候,我们的出发点有利于孩子,但却使用了错误的灌输式教育方式。我们可能没有意识到,自己平时对孩子的要求常常置之不理,也忽视了孩子的内心感受,这会使孩子感到沮丧、感到不被尊重。如果我们能加以改正,多听少说,孩子也就不会拒听大人的"命令"。

为此,每次我们在向孩子"发号施令"的时候,不妨先思考以下几点:

很多时候父母唠叨是为了满足自己的情绪需求,要尽可能地关照孩子的需求;不要在孩子面前表现自己的无奈;教育孩子不要追求道理,要追求效果。一定要按时起床,学习一定要有效率,这样说有效果吗?家长在尝试说教时,一定要思考,怎样说才能见效。

2.避免喋喋不休

调查资料显示,当父母在孩子面前喋喋不休,把自己真正要讲的意思和许许多多"废话",例如抱怨、絮叨或责备都夹杂在一起,或是把几件事和几个要求都混在一起跟他说个没完时,反而会适得其反。

3.不必大声说话

大喊大叫地对孩子发布命令,这是最不明智的做法。因为，虽然此时孩子的注意力都在父母身上，但他关注的只是父母脸上的愤怒表情，而不是父母所说的话。事实上，父母越是温柔和轻声地说话，孩子越是容易关注父母所说的话。

4.多给孩子一些决策空间

如果他不是襁褓中的孩子，也不是牙牙学语的婴幼儿，那你的孩子就有独立决策的能力了，为此，你不妨做出以下一些教育方式的改变：

（1）尽量让孩子自己做决策，甚至，有些情况下，你可以为孩子制造些自主决策的机会，而你要做的，并不是替孩子成长，你只能站在他的身边默默支持他，帮助他。

（2）给孩子一定的势力范围，让他自己经营。他的房间归他管，你只有建议权，他有决定权。

（3）等孩子向你伸手、希望获得你的帮助的时候再出手。

（4）不要害怕孩子受挫折，这是一个必需的过程。

作为家长的我们，如果能了解孩子的心理，并能做到以上几点，相信我们一定能走到孩子的内心世界，他们自然也不会对我们的话采取"置若罔闻"或者"随便敷衍"的态度了！

放下父母的架子，孩子的心事需要倾听

刘老师是某小学五年级班主任，他对班上每个学生都很关

心,他发现,在班上有个孩子似乎总是感觉不对劲,同学们放学后,他宁愿在学校四处游荡也不愿意回家。于是,刘斌老师决定做一次家访。原来,所有的问题都出在孩子的爸爸身上。

"我爸回家我就进卧室,吃饭做作业我都呆在自己的房间里,早上等他上班了我再上学,一天下来基本上可以不说话。"孩子这样形容自己和爸爸的生活,他们之间相敬如"冰",互不干扰对方。

"跟他们说话很累,根本就说不到一块去。"他说,每次和爸爸说话,从来就是三句话不到就开始"热闹"了。

"其实我们两父子哪有什么深仇大恨,我说他也是为了他好,但孩子倒把我当成仇人、陌路人了。"孩子爸爸这样对班主任老师说。他是个退伍军人,大男子主义比较重,说话常有口无心又好面子,不愿意向孩子低头;而孩子年纪小比较容易激动,又认死理,也许是这样才造成父子两人关系越闹越僵。上了初中后,孩子已经习惯了对父亲那套"我是家长,我说什么你得听着"的理论保持沉默。"像现在这样大家互不干涉也挺好,没有吵架也安静多了。"在这个孩子看来,这么陌生人般的父子关系似乎也不赖。

其实,很明显,这位爸爸和儿子之间问题的症结出现在缺少沟通,而其中一个重要的沟通障碍就是他放不下做父母的架子,与孩子之间形成了一种对抗,久而久之,孩子就宁愿与他之间以陌生人的关系相处。

的确，可能不少父母都认为，与孩子沟通，必须在孩子面前树立威信，于是，他们在说话时尽量提高音调，以为孩子会听自己的话。但结果却常常事与愿违。其实，假如我们能用心地与孩子沟通，多听听他的心声，让孩子感受到我们对他的尊重，亲子关系也许会好很多。

那么，我们需要怎样倾听孩子的心声呢？

1.再忙也要听他说

其实，每一个孩子都希望得到父母的理解，因此，从现在起，每天抽出哪怕是2小时、1小时，甚至是30分钟都好，做孩子的听众和朋友，倾听他心中的想法，忧其所忧，乐其所乐，当孩子有安全感或信任感时，就会向其信任的成年人诉说心灵的秘密。这样，才有可能经常倾听到孩子的心灵之音，你的孩子才会在你的爱中不断健康地成长！

2.耐心听完孩子的叙述，不要急着打断他

生活中，一些孩子说："每次，我想跟爸妈谈谈心，刚开始还能好好说话，可是爸妈似乎都是以教训的口气跟我说话，我还没说完，他们就开始以父母的身份来教育我了，我真受不了。"其实，这些家长就是不懂得如何倾听，倾听的首要前提就是要有耐心，让孩子把话说完，再提出解决的方法，这样才会让孩子感受到尊重，也才能达到双向交流的作用。

3.不要急着否定他，给他更多解释的机会

大人很多时候会认为孩子的想法是不对的，甚至是不符合常规的，抱着这样的心态，在倾听孩子说话的时候，会有一种先入为主的想法，会把孩子的话摆在一个"幼稚可笑"的立场，孩子自然得不到理解。其实孩子也是人，也有一个丰富的心灵，我们要特别注意倾听他们的心声。

不得不说，任何父母都望子成龙，但在教育孩子的问题上，一些父母显得过于焦躁，孩子一旦出了些什么问题，就乱了方寸，以为大声呵斥就能让孩子听话，而实际上，这些父母是否想过：你们要求孩子听话和了解你们的意思，但你们有没有了解过孩子的想法？沟通，要求父母主动将自己的内心世界向孩子表达，同时多倾听孩子的心声。这样，才能了解孩子心中的所思所想，而后"对症下药"给予适当的引导，帮助孩子健康成长。

在倾听中了解并接纳孩子的情绪

一天，正在上班的杨女士突然接到儿子班主任的电话，原来是儿子在学校闯祸了。匆匆忙忙赶到学校，杨女士也没搞清楚到底是什么情况，只得把孩子带回家。

晚上，杨女士问儿子："我的儿子，你怎么了？能告诉妈妈吗？我向你保证，绝不告诉别人。"

儿子支支吾吾地说："妈妈，你知道，我的同桌是个女生，她成绩很好，我有些不懂的问题会请教她，但是那些男生就起哄，说我们恋爱，其实说我都没有关系，但是杨阳是个女孩子，你说对不对？所以我揍了他们，叫他们不要乱说。"

杨女士听完，若有所思，对儿子说："儿子，妈妈知道你的愤怒，作为一个男子汉，保护女孩子是应该的，妈妈理解你。那些男生，我想也没有什么恶意，他们就是觉得好玩，才起哄的。清者自清，不是吗？"

"我知道，今天确实是我冲动了点。"

"嗯，真正的好男人，也是绅士，不必跟人大打出手，你说呢？以后有什么事，你可以跟妈妈说，妈妈毕竟是过来人，可能能给你点建议，好了，我的乖儿子，忘掉今天吧。"

"嗯，谢谢你，妈妈。"

这里，杨女士与孩子沟通的方法值得我们学习，孩子在学校打架，她并没有劈头盖脸地责备，而是等回家后，慢慢引导，让孩子说出原因，了解了孩子的情绪，并告诉孩子如何正确疏导自己的情绪。

的确，我们与孩子沟通，不但要倾听孩子的话，更要接纳他们的情绪，让孩子明白，与父母说心里话是"安全的"、被允许的，这样，当他们感到被理解后，才有继续沟通的愿望，那么，我们在倾听后如何表达对孩子情绪的认同，以下是一些建议：

1.接纳孩子的情感

面对孩子的坏情绪，首先不能言辞激烈地去指责他、批评他，而应该耐心听他对这种感觉的描述。因为，这时孩子最需要有人聆听他的倾诉并能理解他和体谅他。孩子的坏情绪随时会冒出来，父母不可能去消灭它，但可以接纳理解它，然后运用智慧，让这种情绪转化为激发潜能的动力。

2.教孩子学会表达自己的感觉

在日常生活中，父母可以多和孩子聊天，或适时问孩子："你现在是什么感觉啊？""你喜不喜欢？""什么事情让你这么生气？"还可以通过讲故事、编故事、角色扮演等游戏教给孩子疏导情绪的方法。

父母和孩子有时还可以通过交换日记、写纸条的方式说说高兴和不高兴的事。如此一来，孩子也就逐渐学会，如何用"讲道理"的方式表达自己的心情。

3.教会孩子适当宣泄不良情绪

人在精神压抑的时候，如果不寻找机会宣泄情绪，会导致身心受到损害。另外，在愤怒的时候，适当的宣泄是必要的，不一定要采取大发脾气的方法，可以采用其他一些较好的方法。

所以，家长不妨引导孩子采取以下方法发泄自己的情绪：比如，在孩子盛怒时，让他赶快跑到其他地方，或找个体力活来干，或者干脆让他跑一圈，这样就能把因盛怒激发出来的能量释放出来；同时，如果孩子不高兴或是遇到了挫折，你可以把他的注意力转移到其他活动上去。例如，当孩子在厨房里吵闹着要玩小刀时，妈妈会把她带到一水池的肥皂泡面前分散她的注意，她很快会安静下来。另外，场景的迅速改变也能达到同样的目的——安静地把孩子从厨房带到房间里去，那里有许多吸引他注意的东西，玩具恐龙、图书都可以让他忘记刚才的不愉快。

当然，让孩子发泄自己的情绪，并不意味着家长可以忽视孩子那些不正确的行为。过激的情绪，甚至消极情绪都是生活中很平常的，但是伤害和破坏性的行为是绝对不被允许和容忍的。

其实，情绪无所谓对错，只有表现的方式是否能被人接受。家长在倾听孩子的时候，一定要接受孩子的多面性情绪，引导孩子把消极情绪转化为积极情绪，唯有正视情绪表达的所有面貌，健康的情绪发展才有可能，唯有能够驾驭自己情绪的孩子，才能够成为有自我控制力的孩子！

倾听后给予反馈，表达你的认同和理解

诗诗一直是个很听话的女孩，她出生在一个书香世家，爷爷奶奶和父母都从事文化类工作。在这样的家庭氛围中，她知道自己要成为一个知书达理、优雅大方的女性，并且，在严格的家教下，她早已经知道哪些事该做，哪些事不该做。有时

候，看到公园玩得一身脏的小朋友，她却很羡慕，有时候，她也想大声说话，也想肆无忌惮地玩，可是她不敢。

进入小学以后，随着学习和生活环境的变化，父母的管教让她觉得很烦躁，她甚至觉得家就像个牢笼一样，她害怕回家。

一次，她跟自己的同学聊天，同学告诉她，可以尝试着跟父母沟通一下，总是这么被管着也不是事。诗诗觉得同学说得很有道理，所以这天晚上，诗诗鼓起勇气对爸爸说："爸爸，我觉得你和妈妈管我管得太严了，以后晚上写完作业我能不能看半个小时的电视？"

爸爸一边在看材料，一边应着："啊，你说什么？快去写作业，写完睡觉。"

诗诗一听，说话的信心被完全打击，然后径直回屋了，晚上，她就捂着被子哭了。

第二天晚上，天都黑了，诗诗还没有回家，爸爸妈妈问了所有同学都没有诗诗的消息，他们只好自己找，结果却发现诗诗一个人坐在学校的操场上发呆。他们纳闷了：女儿到底是怎么了？

这里，诗诗为什么不想回家？因为家对于她来说就是束缚。事实上，生活中，我们每个人都需要自由。其实，我们的孩子也是一样，如果我们束缚住孩子的手脚，让孩子不许做这个，不许做那个，对孩子大包大揽，那么，孩子会感到窒息，他的一些优良的个性和心理品质也会被压抑。而随着孩子慢慢长大,当孩子进入学校,孩子的独立意识开始萌芽,对于无法呼吸的成长环境,他们一定会反抗,所以,案例中的诗诗选择主动找父母沟通,可惜父母根本不重视,没有认真倾听,在孩子倾诉完以后,他们也没有表达理解与认同,而是一味地打压孩子。这样的情况下,亲子关系势必会变得紧张起来,体现为诗诗放学不愿意回家。

我们发现,那些善于倾听的父母,都是孩子的朋友,对于孩子的心声,他们不但认真倾听,更是给予反馈、耐心引导,给予孩子最好的建议,他们建议:

1.坚持倾听的双向原则,让沟通顺畅起来

家长与孩子交流时,要坚持一个双向原则,让孩子有话能说。如果能用通俗易懂的话说明一个深刻的道理,用简明扼要的话揭示一个复杂的现象,用热情洋溢的话激发一种向上的精神,孩子自然会潜移默化,受到感染,明白父母的苦心。

2.把命令改为商量,给孩子建议而不是意见

在很多问题上,父母不要太过武断,也不要替孩子做决策,而应该先询问孩子的意见,"你是怎么认为的呢?你打算如何处理呢?你打算什么时候开始做呢?"这就表示了我们对孩子的尊重,在了解了孩子的想法后,如果有些部分不正确,那么,我们再以研究和探讨的语气与之商量:"我能理解你的想法,但我们还要考虑这件事的可行性,不是吗……你认为妈妈的意见对吗?"

孩子是聪明的，有判断力的。如果你的话有道理，孩子也是会采纳你的建议的。同时，交流会越来越多，亲子关系也会更好。

再比如，周末，孩子完成作业以后，如果他说想出去和朋友玩，那么，你最好不要阻止他，而应该和他订立"条约"，比如，去哪里玩要和父母说一声，晚上八点钟之前必须回来等。如果孩子要求在朋友家住，你要告诉孩子不行，如果晚了，爸爸妈妈可以去接你。那样爸爸妈妈不会担心。这样做，能让孩子感受到你是支持他并且关心他的，孩子既获得了快乐，又不会放纵自己。给孩子一个空间，让他自己去体验，去成长。家长要永远做孩子的后盾，做孩子的支持者和帮助者，这样才不会让孩子离自己越来越远，才会让孩子幸福快乐地成长。

以商量的方式去解决问题，即使商量失败，感情氛围也会增强，有利于以后沟通问题。家长经常出现的错误是，当前问题没解决，还破坏了感情气氛，阻断了感情沟通，失去今后问题解决的机会。

总之，我们一定要丢弃要求孩子"这么做，那么做"的固有观念，同时也要丢弃把孩子赶向特定的方向的强迫观念。尤其是在孩子遇到困难或遭受挫折时，我们更应适时地拿起激励和表扬的武器，减少孩子遇到困难时的畏惧心理和失败后的灰心，增强他们成功的信念，而不是训斥和责备，然后，再和孩子一起讨论确定克服困难或弥补过失的途径和办法。你对孩子的理解和尊重，必然有利于问题的真正解决，有利于两代人的沟通！

第6章

平等交流,孩子才愿意畅所欲言

我们都知道,孩子的世界和成人的世界是不同的,对于成长道路上看到的很多事物,孩子与成人的看法与意见都不同。而对于孩子,我们只有先尊重他们,尊重他们的个性、兴趣、看法等,与孩子平等对话,孩子才愿意畅所欲言,也才会接纳我们的意见,听我们的话,才能成长得更快。而假如我们剥夺了孩子的这种权利,那么,他们不但体验不到这种乐趣,更不会配合我们的教育,甚至与我们对着干。

与孩子平等沟通，温柔细语让孩子更听话

巴西球员贝利，被人们称为"世界球王""黑珍珠"，在很小的时候，他就在足球上表现出了惊人的天赋。

那次，贝利和他的同伴们刚踢完一场足球赛，已经精疲力尽的他找小伙伴要了一支烟，并得意地吸了起来。这样，原先的疲劳都已经烟消云散了，然而，这一切都被他的父亲看在眼里了，父亲很不高兴。

晚饭后，父亲把正在看电视的贝利叫过来，然后很严肃地问"你今天抽烟了？"

"抽了。"贝利知道自己做错了事，但也不敢不承认。

但令他奇怪的是，父亲并没有发火，而是背着手开始在房间里踱步，过了一会儿，他停了下来，说："孩子，我知道，你在踢球上有点天分，如果你能一直踢下去，也许你在将来会有点出息，但可惜的是，你现在居然就开始抽烟了，抽烟是有害身体的，它会使你在比赛时发挥不出应有的水平。"

听到父亲这么说，小贝利的头更低了。

父亲又语重心长地接着说："虽然作为父亲的我，有责任也有义务教育你，但真正主导你人生的是你自己，其他任何人都无法代替，我现在问你，你是想做一个有出息的运动员、驰骋于足球场，还是继续抽烟、自毁前程呢？孩子，你已经长大

了,该懂得如何选择了。"

说完这番话后,父亲从口袋里掏出一叠钞票,然后递给贝利,并说道:"如果你不想做球员了,那么,拿着这些钱去抽烟吧。"父亲说完便走了出去。

看着父亲的背影,贝利哭了,父亲的话一直回响在他的耳朵里,他猛然醒悟了,他拿起桌上的钞票还给了父亲,并坚决地说:"爸爸,我再也不抽烟了,我一定要当个有出息的运动员。"

从此以后,贝利再也不抽烟了,不但如此,他还把大部分时间都花在刻苦训练上,球艺飞速提高。他15岁参加桑托斯职业足球队,16岁进入巴西国家队,并为巴西队永久占有"女神杯"立下奇功。如今,贝利已成为拥有众多企业的富翁,但他仍然不抽烟。

这则故事中,贝利的父亲在教育孩子的这一问题上所选用的方法是正确的。我们要想打开孩子的心扉,让孩子信服自己,就要用轻声细语去感化孩子,与孩子平等沟通。

的确,生活中,我们在与人沟通的过程中,常有这样的体验:用好的态度、温和的方式比用高傲相持的生硬方式更容易提高办事的效率。在与人相处时,用友善体贴的方式会比强悍冷漠的方法更易俘获他人的心。

同样,在教育孩子的过程中,如果我们也能轻声细语地与孩子说话,用真心感化孩子,那么,孩子就能感受到你的尊重,从而愿意相信你。

丹丹进入初三后，大大小小的考试总是不断。但总的来说，丹丹的学习成绩还比较稳定，虽然不是很出色，但考上一个比较好的高中还是没问题的。

但那天月考完，丹丹回家后，就低着头钻到自己的房间去了。丹丹爸妈看到后，心想：孩子考分不理想，心里一定很难受，再雪上加霜可不好，于是两口子商量好，站到丹丹房间门口对话。

丹丹爸爸说："今天孩子没考好，我们今天说的话可别让孩子听见。"其实声音正好让丹丹听见。丹丹在房里想，越不让我听我越听。

爸爸接着说："孩子心里难受，咱们今天别批评她了。"丹丹心想我爸不批评我了，听得更认真了。

这时丹丹妈妈说："别看这次丹丹没考好，平时她都考得不错的，这仅仅是一次失误而已，胜败乃兵家常事嘛。另外，我们丹丹很有志气呢，肯定能吸取教训！"

丹丹爸爸又说："孩子没考好，也不全怨孩子，我们也有责任，我们俩得先做检查。"

妈妈接着说："我们的孩子听话，她会努力的，她不会让我们俩伤心……"这些话全让在房间里的丹丹听到了，她眼泪不觉地流出来，冲出房间扑到妈妈怀里说："妈，您放心吧，这次我让你们失望了，下次我一定努力，决不让您伤心……"

看到女儿懂事的样子，爸爸妈妈都欣慰地笑了。

丹丹的爸妈是教育的有心人，面对孩子考试失利，他们并没有对孩子进行语言上的训斥，而是理解孩子，让孩子感受到父母的爱。孩子被亲情感化后，就会产生主动努力学习的愿望，发自孩子内心的力量才是真正的力量。

任何父母，要想让孩子听话，在沟通中就要放下父母的架子。父母关心和尊重孩子，孩子才能放下心理包袱，从而接受父母的意见。

然而，现实生活中，我们看到的多半是，一些家长一旦发现孩子和自己观点不对，马上就表现出不耐烦，甚至会对孩子发脾气。久而久之，孩子要么不敢发表自己的意见，变得怯弱起来；要么故意和家长对着干，造成难以收拾的局面。曾有哲人说过："要人家服，只能说服，不能压服，压服的结果总是压而不服。以力服人是不行的。"每一个家长都应该有所启示，要让孩子心服口服接受你的教育，不能强来，只能靠真情感化。

孩子虽然是孩子，但他们也渴望被尊重、被关心，因此，我们在与孩子沟通的过程中若能与孩子平等沟通，多关心孩子，多用温柔细语与孩子说话，那么，便能促使孩子意识到自己同成年人是平等的，有利于从小培养孩子独立的人格，能帮助孩子认真面对自己的问题或缺点。同时，也为孩子创造了乐于接纳父母意见的良好心境。

敞开心扉说些心里话，让孩子也了解你

生活中，不少父母抱怨："孩子一天与我们说话都不到三句，跟我们的关系越来越疏远，就喜欢跟同学泡在一起，由着他们这样自由交往，不变坏才怪！"其实，孩子逐渐长大，正是从依赖走向独立，从家庭走向社会并逐步适应社会的重要阶段。可以说，我们父母操碎了心，孩子拒绝与父母沟通，有时候并不是他们的过错，而是父母的态度让他们欲言又止。而聪明的父母，在向孩子"施爱"的时候，还懂得"索爱"，因为他们懂得，沟通是双向的，让孩子打开心门的第一步就是先开口坦诚自己的内心，让孩子了解自己。我们发现，在这样的家庭里成长的孩子，往往更听话，他们不仅把父母当长辈，更把他们当朋友，他们也更懂得父母的艰辛和不容易。

的确，讲讲自己的心里话，还可以让孩子懂得感恩，不少家长在"爱"的问题上，只尽"给予"的义务，不讲"索取"。这时，家长们的爱就会贬值，孩子们会觉得父母的爱是应该的。有时候父母扛着生活艰辛的担子，只要孩子好好学习，哪怕再苦也值得，而孩子根本不理解。孩子一般不理解父母，很多时候是因为父母不给孩子了解的机会，当孩子知道父母的辛苦后，感恩心会油然而生，学习的动力也就更明确了。

一天，两位妈妈在一起聊天。

"真不知道你们家飞飞怎么那么乖，我们家的孩子太难

管了,我们平时那么辛苦,还不是为了给他一个好的条件,为什么孩子们似乎都不理解呢?有什么心事也不跟我们说,长大了,我们也管不了,哎……"

"其实吧,孩子是渴望跟我们沟通和交流的,但我们大人却在了长者的位置不肯下来,孩子无法感受到平等,自然也就不愿意与我们交流了。"

"那怎么才能让孩子开口呢?"张阿姨问。

"想要让孩子主动说,我们就要先说,主动向孩子倾诉,让孩子也了解我们的感受,沟通是双向的嘛。像我们这样的中年人,在单位工作压力很大,工作了一天,回到家里,真的很累,有时就不想说话。有时候,我们甚至还免不了受一些闲气,心里很窝火,脸色不自觉地就有些难看。但我现在总在进门之前提醒我自己:调整好心态,当孩子开门迎接你的时候,给她一个笑脸。等自己心情好点的时候,我们晚上会坐在一起,我主动开口,说自己在单位的那些事儿,飞飞一般都能理解我的感受,她有时还会来安慰我。只有先主动倾诉,才会让孩子觉得你容易亲近,才会愿意与你倾诉,如果你冷落孩子,根本不理他,他就会到外面去找能安慰他的人。为什么有的小孩子会结交不良少年,会早恋?原因当然很多,但我觉得其中根本的一点,就是缺少家庭的关怀,缺少亲情的温暖。不过,这也是个人的想法。"

张阿姨听完,连连点头,看来,飞飞妈的话对她起到作用了。

这里，我们发现，飞飞妈妈与孩子的沟通方法值得我们家长借鉴和学习，只有先向孩子倾诉，孩子才会与我们亲近。作为家长的我们，要顺应孩子的生理和心理的成长，在教育方法上也要做出调整，把孩子当成朋友，而不是小孩子。父母与孩子之间应该平等地对话、交流内心世界，具体来说，我们应该做到：

1.把孩子当成一个完整的、独立的个体

父母首先要把孩子当作一个完整的、独立的个体来对待，而不是自己的附属，孩子虽然还处在成长的阶段，但已经具备了一定的解决问题的能力。因此，不要认为，孩子还小，不能让他知道得太多，会影响到孩子的学习等。其实，孩子是家庭成员之一，当你与孩子共商家庭计划时，孩子会感受到被尊重，当他再遇到成长中的问题的时候，也愿意拿出来与家长一起"分享"，共同找出解决问题的办法。

2.用你的经历告诉孩子如何处理难题

慢慢长大的孩子一定会遭遇一些成长中的烦恼，慢慢变老的我们一定会和他们"过招"，当孩子怒火燃烧的时候，我们做家长的切忌火上浇油、自乱阵脚，我们可以运用的一种方法叫以柔克刚。抱怨、不屑的言语只是他们在表达自己对事儿、对人的看法，他们只是还在找寻最合适的处理难题的方式，我们需要等待。也就是说，无论孩子的情绪如何，作为家长的我们一定要心平气和，先平息孩子的情绪，然后再告诉孩子自己曾经是怎么做的。

真正把孩子当成家庭成员，被认可的孩子更听话

我们都知道，现代社会的家庭都是独生子女，很多父母心疼孩子，什么都不让孩子做，什么都替孩子代劳，久而久之，孩子不但缺乏独立能力，更缺乏对家庭的责任心，而随着孩子逐渐长大，随着他们自我意识的增强，他们会认为自己在家庭中没有得到应有的尊重，这正如鲁迅先生曾说过的："小的时候，不把他当人，大了以后也做不了人。"孩子们也都很希望得到大人的认可，比如，让孩子参与家庭理财、让孩子参与家庭讨论、商讨比较重要的采购，不失为让孩子感受被平等对待的好方法。

事实上，我们看到的是，在很多家庭中，当父母的总是心疼孩子，不管家里发生大小的事，都不让孩子费心。这表面上看是爱孩子，但其实不但剥夺了培养孩子责任心的机会，更无法让孩子感受到被尊重。因为我们的孩子本身也是家庭成员之一，他们也应该承担一定的责任。为此，教育心理学家建议父母，让孩子参与家庭讨论，在这样的亲子沟通中，父母把孩子当成家庭的一员，能让孩子感受到尊重，这是我们了解孩子的最好方式之一。被父母尊重的孩子自然愿意配合我们的教育工作，也更听话。

其实，家长通过家庭讨论，可以让孩子明白道理。

1.引导孩子表达内心的感受

很多家长和孩子之间缺少沟通，只是一味地给孩子安排。

还有一些做父母的老爱念着一些夸耀自己、贬低孩子的"咒语",诸如:"你看,我就知道你会做不到。""我们那时候自觉得很,哪像你这样。"这些"咒语"潜移默化地内化为孩子对自己过低的评价,从而丧失了自己的勇气和信心。家长可以经常通过家庭讨论,来帮助孩子更好地了解和表达自己的情绪。除了温和地询问:你其实是想说什么?你还可以给他一些参考答案。等孩子逐渐学会了解自己的内心感受,即便你不在旁边,他也可以清楚地向周围的人表达自己的感受了。而家长与孩子之间的亲子关系也就更加密切了。

2.尊重孩子的意愿

"孩子是小人,小人也是人。"做父母的应尊重孩子,把他当作家庭中平等的一员来对待,要尊重他在家庭中的地位,任何涉及孩子的事情,应尊重或听取孩子的意见。要尊重孩子的见解,甚至当你不同意时,也要以商量的口吻表示对孩子的尊重。例如,对话时,不要中断或反驳孩子;不要干涉孩子自己喜欢的方式等。

3.可以让孩子来解决一些事

这是个有魔力的句子,它可以让孩子感觉到自己是受欢迎和受尊重的,甚至肯定自己的能力,对增强孩子做事的信心是大有益处的。

4.让孩子明白真的需要才能得到

"西西有洋娃娃,所以我也要一个""小明爸爸让他吃冰激凌，那我也可以吃""他可以，所以我也可以"……这是小孩子最常用来跟你讨价还价的简单逻辑。家长可以借家庭讨论清楚地告诉孩子：不同的人有不同的需要。你要让孩子了解：每个人都只能得到他真正需要的东西。

同时，你也可以听听孩子内心的声音，如"我真的不喜欢那件你给我买的棉衣，下次能让我自己挑吗？"

孩子也是家庭的一分子，应该给他参与讨论家务事的机会。家里的椅子坏了，房间该粉刷，是否要养宠物，这些事都可以在家庭会议讨论时，让孩子帮忙出点子，再要求孩子说出为什么要这样做理由，有时一个孩子会有他的惊人之见。

虽然名为家庭会议，但举行的方式可以是很轻松的，比方说选定每个月第二个星期天下午，大家可以一边喝茶，吃点心，一边讨论家务事，就算没有重要的事情需要商量，大家在一起聊天也很好，甚至可以玩成语接龙游戏，说故事，猜谜语，这些活动都可以在家庭讨论时进行。

请记住，家庭讨论的目的是要找个时间认真听孩子说话，如果有事要取消时，一定要先征询孩子的意见，让孩子有受尊重的感觉。并且让孩子重视家庭会议的重要。一般不要随便取消；多听孩子说话，不要急着反对孩子的意见，鼓励孩子勇于表达自己，争取别人的认同；表达自己的意见是很重要的事，期待孩子的意见，能让大家听见，并且赢得大家的尊重。

总之，家长可以从身边的小事开始，把孩子当作家庭成员,比如让他参与家庭讨论,这样,他会明白生活的艰辛和持家的辛苦,他能懂得如何经营一个家庭,这更有助于孩子独立自主的能力的培养,更重要的是,在这样的互动过程中,亲子关系能得到进一步提升!

孩子会听你真诚的建议,而绝非是命令

家庭是社会的细胞,也是一个团队,而家长就是这个团队的领袖,可能我们很多父母发现,孩子还小的时候,自己在孩子心中的形象是伟大的,孩子什么都愿意跟自己说。但随着孩子逐渐长大,他们开始厌烦父母,尤其是讨厌父母以命令的口吻与他们交流,而父母则认为这是孩子不听话的表现,于是,便采取压制的措施,正因为如此,亲子之间的关系很容易变得紧张,甚至无话可说。

"看到孩子总是以一副不耐烦的神情跟我说话,我的脾气也不会好到哪里去。他声音大,我的声音就要更大,人在情绪上头,哪里顾得上风度、民主,我就记得我是他老爸,怎容得他这么放肆?其实,他如果冷静地跟我分析他的想法,我又何尝会倚老卖老呢?我都这么大年纪了,怎么会不讲道理呢?"可能很多家长面对孩子,都是这样的态度。

而其实,我们的孩子正在逐渐长大,他们会遇到很多成长

中的问题，此时，他们需要的是父母贴心的建议，而非命令。

那么，在日常生活中，我们该如何与孩子沟通呢？

1.给孩子表达意愿的机会

相当一部分家长害怕孩子走了错路，习惯于事事为孩子做出决定，而很少征求孩子的意见；一旦孩子不遵从，就大加责备。其实孩子也有自己的想法，家长在任何时候都要注意让孩子充分表达自己的意愿。

比如，在购买东西时，要告诉孩子，不能买的东西，就不能买，不能因为孩子的任性就满足孩子，要让他们明白，有些时候，想要的东西，不一定就非要得到，有些欲望是不能满足的。同时，他的东西，尽可能让他自己选，孩子都有自己的一些兴趣和爱好，不过，父母还是要最后把关的。比如，孩子选的东西太贵的话，就告诉他，这个太贵了，我们买不起。孩子就知道要换一个便宜点的。

2.耐心倾听孩子讲话

耐心倾听孩子讲的每一句话，鼓励并引导孩子自由地表达思想，这既体现了家长对孩子的尊重，同时也能有效地培养孩子的自主性。家长可从以下几个方面加以注意：

（1）静听孩子的"唠叨"

对于孩子的话，家长千万不要嫌孩子啰嗦和麻烦，因为这种"唠叨"恰好是孩子愿意与你沟通的体现，他是试图向成人表达他自己对这个世界的看法。因此，家长不仅要静听孩子的

"唠叨",还要鼓励孩子多"唠叨"。

（2）勿抢孩子的"话头"

不少家长在听孩子讲话时，有时会觉得他的语句、用词不够成熟，喜欢抢过孩子的"话头"来说，这样做无疑是剥夺了孩子说话的机会，同时也会让孩子对以后的表达失去信心。因此，在孩子想说话的时候，即使他词不达意，家长也应让孩子用自己的语言把意思表达出来，而不能抢做孩子的"代言人"。

（3）留意孩子给你的报告

家长可随时随地提醒孩子注意观察事物，给他探索的机会，观察之后，还应问一问他看见了些什么，学会了些什么。当他向你作"报告"时，作为父母，你应该留意倾听并适时点拨，会令孩子得到鼓舞。

（4）聆听孩子的"辩解"

当孩子为自己所做的事与家长争辩时，家长千万不能斥责他"顶嘴"，要给孩子充分的辩解机会；当孩子与他人争吵时，家长也不需要立即去调解纠纷，可以在旁聆听和观察，看他说话是否合理，是否有条理，这对培养孩子独立思考的能力大有益处。

总之，培养孩子，情商应是第一位，智商培养应是第二位，多建议而非命令孩子，是与孩子沟通的秘诀，不但能融洽彼此关系，更能教育出更听话的孩子！

鼓励孩子发表意见,让孩子感受到被尊重

我们都知道,一个人自立的第一步,是从思想上的独立开始,也就是要独立思考,在亲子沟通中,作为父母,我们首先就要给孩子发表自己意见的机会。言由心生,父母能够从孩子的话语中了解孩子的内心世界,由此因材施教,引导孩子接纳我们的意见,培养听话且富有主见的孩子。

其实,从我们的孩子开始出生时,他们就有要发表意见的要求,比如用手去触摸自己喜欢的东西,不喜欢陌生人接触自己时就大声地哭闹,对于孩子的这些行为,我们都正确地解读了,可是随着年龄的增长,父母为什么又把这种自主权搁浅了呢?压制孩子发表意见,就是压制孩子的主见,这对孩子的成长是极为不利的。

作为父母,我们要认识到,孩子不是可以任由父母摆布的"玩意"。在家庭教育中,家长应像尊重成人一样尊重孩子,把自己放在与孩子平等位置上,遇到问题换个角度去想想,寻求与孩子心理上的沟通。当孩子从父母的尊重和爱护中找到自信和自身价值的时候,他们自然会愿意听你的话,接受你的意见。

家长要把孩子看作一个独立人,他们有权发表自己的意见,父母不必过多地限制,家庭生活中出现的一些问题,要让他们去尝试、去判断、思索、体验。当然,尊重孩子的人格和

自我意识并不等于放任孩子。在他们成年之前，父母可以引导他们，帮助他们的辨别是非，培养他们的独立思考能力，让他们学会选择自己的人生目标。

具体来说，父母应该注意以下几点：

1.沟通中不要压制孩子的想法

父母当然比儿女拥有更大的权力，甚至有权让儿女完全得不到任何权力，但这么做的后果是造就一个本性温柔但却没有主见、没有责任感而且脾气暴躁的孩子。

其实，疏导是比围堵更好的手段。而且，孩子拒绝父母要他做的事，不是要反对父母，只是想对自己的事有主导权。如果父母理解并尊重这一点，那么，孩子的发展会受到有利影响。

2.鼓励孩子表达自己的意愿

相当一部分家长害怕孩子走了错路，习惯于事事为孩子做出决定，而很少征求孩子的意见；一旦孩子不遵从，就大加责备。其实孩子有自己的想法，家长在任何时候都要注意让孩子充分表达自己的意愿，给他们表达自主思想的机会。

孩子是喜欢探索的，作为父母的我们，要学会引导他们的想法，而不是一味地压制和制定规则，如果你总是告诉他不许这个、不许那个，那么，孩子很有可能变成什么都不敢尝试的懦夫。

3.不要总是命令孩子

很多家长在要求孩子做事时，往往喜欢使用命令句式，因为他们以为，孩子天生是听话的，应该由别人来决定他的一切，如"就这样做吧""你该去干……了"。而这种语气会让孩子觉得家长的话是说一不二的，自己是在被强迫做事，即使做了心里也不高兴。

4.不要总拿自己的孩子与其他孩子比较

尊重孩子，还要尊重孩子的思维的个体差异。孩子间是有个体差异的，不要拿自己的孩子与别的孩子做比较，每个孩子都是不同的。可有些家长总喜欢拿自己的孩子与别人的孩子比。当自己的孩子比别人强时，父母就沾沾自喜，反之就不停地数落、讽刺、挖苦孩子，这样很容易使孩子消沉、迷惘。孩子由于年龄小，见识少，往往以父母、他人的评价来评价自己，过多的批评、责骂容易使年幼的孩子迷失自我，更不敢说出自己内心的真实想法。父母要有足够的勇气承认并正视孩子间的差异，要怀着沉稳的心态耐心引导孩子，以他们自己的速度成长。

5.支持孩子在小事上自己拿主意

当冉冉几次不肯睡觉时，妈妈对她说："冉冉，我相信你一定能管好自己的，因为你明天7点要起床。所以，你自己会在9点前上床睡觉，我相信你会自己注意时间。"果然，冉冉听话多了。

其实，家长可以支持孩子自己管理自己，并提醒他界限何在。当孩子做选择时，他觉得自己的确享有主导权，这一点会令他开心。比如,当孩子不愿意上床睡觉时,家长可以问他:"你想要先听故事呢?还是先换上睡衣?"两种选择都暗示他该睡觉了。

6.父母保持适当的权威

也许许多家长在自己的孩童时期,所接受的教养方式是极端威权的,父母说一,他们绝不敢说二,所以,他们从未享受发表自己意见的权利。于是,他们把这种教育方式传达给了女儿。如果孩子所争取的是对他自己的自主权,而不是对父母的或其他人的管理权,那么他的要求就没什么不对。父母应将大人的权力保留在适当范围内,别将它过分延伸到孩子身上。但同时,也要让孩子尊重父母的权威。尊重孩子权力的发展,同时坚持对孩子有利的一些原则。

比如,你的女儿选择了8:45上床睡觉,但时间到了,她仍不肯上床,你这时要严格要求她:"因为你今天答应的事情没有做到,所以明天你没有选择,一定要在八点半上床。"家长说出口的话,一定要严格执行。

我们的孩子从襁褓时期对父母完全依赖,到发展自我意识、建立自信、试验探索,终于长大成一个独立的人,这都需要主见的培养。要想孩子有主见,父母可以遇事问他的看法和想法,不管是幼儿园的事还是家里发生的事,报纸上登的事,或者是路上看到的事,包括爱吃什么、爱穿什么、爱玩什么都要问他原因,从日常这些小事中,学会让孩子独立地发表自己的意见，让孩子学会独立思考。慢慢地，孩子就形成了遇事靠自己的习惯，并且，在这一过程中，孩子感受到了来自父母的尊重，也自然愿意与父母沟通，愿意听父母的话。

第7章

鼓励孩子,在赏识教育中引导孩子更听话

在很多人会问:"对人一生产生影响力的因素中,谁的作用最大?"毋庸置疑一定是父母。有美国情感纪录片显示,一位父亲无意中的一句话,不仅影响了其女儿在童年时期审美观形成,还直接影响其婚姻质量,因此,教育专家支招:父母要多给孩子赞扬和赏识,这不但能让孩子认识到自己的价值、积累自信,还能引导孩子接纳我们的教育方法,进而对孩子的成长产生积极意义。

赞扬你的孩子，听话的孩子是夸出来的

对于任何一个家庭来说，孩子是否能健康、愉快地成长，是家庭是否幸福、和谐的重要因素之一。但如何教育孩子，却成为很多家长困扰的问题。随着教育理念的更新，家长对孩子的教育也从以前的严厉批评、严格管教变成了现在的"赏识教育"，这对于孩子来说无疑是一件幸事。孩子生来需要赏识，就如同花草需要阳光和雨露，鱼儿需要溪流和江河。

美国心理学家威廉·詹姆斯有句名言："人性最深刻的原则就是希望别人对自己加以赏识。"孩子毕竟是孩子，他们的独立意识尚未形成，他们非常在乎他人眼里的自己，因此，对孩子进行"赏识教育"，尊重孩子，相信孩子，鼓励孩子，不仅能让我们及时看到孩子身上的优点和长处，进而挖掘其身上巨大的潜力，还能拉近亲子间的距离，帮助孩子健康成长。

不论男孩还是女孩，听话的孩子不是批评出来的，而是科学地夸出来的。因此，赏识教育可以说是亲子沟通的灵魂。那么，什么是赏识呢？所谓"赏"，就是欣赏赞美，"识"，就是认识和发现，综合起来的意思就是家长们要认识和发现自己孩子所特有的长处和优点，并加以有目的的引导，勿使其压抑和埋没。

很多家长说，我该怎么夸孩子呢，总不能一天到晚说"好

啊，乖啊"。这里就谈到了赏识教育的中心话题，鼓励孩子，让孩子在"我是好孩子"的心态中觉醒，同时一定要注意表达的方式和内容。

赞扬孩子，我们需要注意几点：

1.看到孩子的优点，赞扬他

父母对孩子的期望态度会影响到他。如果你认为你的孩子是优秀的，那么，他就会按照你的期望去做，甚至会全力以赴让自己变得优秀起来；而反过来，如果你总是挑他的缺点、毛病，那么，他们就会产生一种错觉：我不是好孩子，爸爸妈妈不喜欢我，我好不了了。因此，家长积极的期望和心理暗示对孩子很重要。

可见，对于孩子来说，他们最亲近、最信任的人是他们的父母，因此，父母对他们的暗示的影响是巨大的，如果他们能长时间接受到来自父母的积极的肯定、鼓励、赞许，那么，他就会变得自信、积极。相反，如果他们收到的是一些消极的暗示，那么，他们就会变得消极悲观。

2.关注孩子的点滴进步，并赞美他

古语有云："士别三日，刮目相看"，历史经验值得汲取。任何人、任何事都不是一成不变的。我们的孩子也是在不断进步的，而同时，孩子对于父母的态度是很在意的，假如你的孩子进步了，你一定要赞扬他，而不是用老眼光来看待他的缺点。

明智的父母会看到孩子身上的点滴进步,在孩子有任何一点的进步时,他们都会夸奖孩子,让孩子感受到父母对自己的爱和关注。

每一个父母在教育孩子时,都要让孩子明白一点,无论他的成绩如何,只要他努力了,就是好孩子。

事实上,孩子对于自己的进步是非常敏感的,但孩子最希望的是得到父母的认同,如果父母总是刻板地看待孩子,那么,时间一长,得不到认同的孩子便不愿意向你敞开心扉了。如果父母能够及时发现孩子的进步并进行表扬,孩子的心灵就会得到阳光的沐浴,进而敞开心灵,把父母当成最好的朋友。而融洽的亲子关系是家庭教育最基础的保证。

3.掌握赞扬孩子的技巧

(1)发自真心地赞扬孩子。对于孩子的赏识一定要是发自内心的,而不是虚伪的。你可以不直接表达你的赞赏,如你可以说:"红红,你这件裙子哪里买的呀,我也想给我家安安买一件呢,却一直没见到,回头你能不能带我去?"你这样说,她也会觉得自己的衣服很好看,觉得自己的眼光得到了别人的肯定,你没有直接夸奖,但效果达到了。不要认为孩子是可以随便哄哄的,假惺惺的夸奖也会被他们识破。

(2)表扬不要附带条件。有些家长虽然也认识到了赏识教育的重要性,但却担心孩子会骄傲,于是,他们常常会在表扬后还加上一条附带条件,比如说:"你做这件事很对,但是……"这类家长认为这样会让孩子更有心理承受能力接受教训。其实,孩子最害怕这类表扬,他们会以为你的表扬是假惺惺的。因此,家长千万不要低估孩子的智力,他们是能听出你的话中话的。

对于孩子的表扬最好是具体的,比如:"真乖,今天你开始学会自己叠被子了。""我听李阿姨说你今天主动跟她打招呼了,真是个懂礼貌的孩子。"

家长一定要好好运用"赏识"这个法宝,不要认为孩子做好了、学好了是应该的事而疏于表扬。渴望被人赏识是人的天性,大人们也是如此,就连美国著名的作家马克·吐温先生也曾经说过:"凭一句动听的表扬,我能快活上半个月。"

鼓励孩子,聪明家长不说孩子"笨"

生活中,我们常听到这样一句流行语:"说你行你就行,不行也行;说你不行就不行,行也不行。"从心理学的角度讲,这句话有一定道理。一个人的成长,除了先天因素外,种种影响因素中,社会评价和心理暗示起着非常大的作用。对于孩子来说,父母的评价对他们也很重要,因为他们最信任、最亲近的人就是父母,如果父母给他们的评价是正面的,那么,孩子长大后就会自信、开朗、勇敢。最重要的一点是,他们愿意接配合父母的教育，愿意听父母的话，相反，你越是打击孩子，亲子关系越紧张，沟通越困难。所以，专家称，任何时候，我们都要给孩子正面的鼓励，哪怕孩子智力差一点，也要相信通过正确的引导、教育，他们也一定能进步的。不说孩子"笨"，也体现了对孩子人格的尊重，为人父母者应牢记不忘自己的孩子是聪明的。

对于孩子来说，一句鼓励的话等于巨大的能量，等于成功的荣誉。孩子还小，并不是没有能力，所以，对于孩子来说"成不成为"是一回事，而父母"相不相信"孩子有这样的能力又是另外一回事。当父母相信孩子能力的时候，就会传达给孩子一种积极的信心，对孩子的期望会转化为孩子行为的动力，影响孩子将来的成就和发展方向。陶行知先生说过："你的教鞭下有瓦特，你的冷眼中有牛顿，你的讥笑中有爱迪生。"现代科学已经证实，发育正常的孩子，天生智力并没有多大差异。俗话说："捧一捧，就灵。"这句话就表明了鼓励对于孩子成长的作用。

当然，鼓励孩子也是需要技巧的，大部分父母亲都习惯和孩子说："爸妈以你为荣"，其实这句话的着眼点，应针对行为，而非学习成绩或表现的结果。当父母如实说："你这次数学考了满分，爸妈真以你为荣。"这时，孩子会有个感觉，只有满分，爸妈才会"以他为荣"，那万一下次没考好，父母亲就不再感到骄傲，甚至还可能"以他为耻"。但是换一种说法，强调行为就对了："这次你考了满分，爸爸、妈妈发现你很努力，才有这么好的进步，这份努力，爸爸、妈妈很引以为荣。"如此一来，孩子就会知道，只要他努力，不论成绩如何，父母都会引以为傲。

可见，鼓励并不是一味地说漂亮话，我们还得有的放矢，注意点方法和技巧。

具体来说，我们要注意几点：

1.说结果

注意到了孩子整理房间的行为，即使孩子没做好，父母也可以说"我发现你今天已经整理了房间，现在房间焕然一新。做得真好，只是有些地方需要注意！"

2.说细节

你可以告诉孩子："你看，你不仅把床上的被子都叠好了，还把桌子上的灰都擦干净了。真是好样的！"你的鼓励表达得越具体，孩子越是能看清楚自己的行为中哪些是对的，越是知道如何重复去做这一正确的行为。而这样，对于你未曾提到的一些行为，他们也就明白自己做得不到位。

3.说原因

一次单元测试成绩公布后，你的孩子又没考好，在分析试卷时，你就不要指责孩子不好好学习，而应该对他说："你不是能力不行，也不是基础差，更不是不如别人，是你太粗心了，没审清题意，不然，凭你的智力是完全可以做出来的！"

这种具体的错误归因，既维护了孩子的自尊，又增添了孩子的自信心。

4.说内在人格特质

父母可以说："看得出来，你是个很负责任的人"称赞的时候，父母要多谈人格特质，而在做批评时，就该谈行为，而避谈人格特质。

5.说正面影响

例如，可以这么说"有你这样的女儿，爸妈觉得很高兴，你真是爸妈的贴心小棉袄，知道为妈妈分忧了。"

教育子女，是一大学问，沟通是让孩子听话的重要砝码，而至今为止，尚未发现任何方式，能够比关怀和赏识更能迅速刺激孩子的想象力、创造力和智慧。孩子都是在不断的鼓励中坚定自己做事的信心的。为此，孩子无论表现多么差，我们都不能言语打击孩子，要始终呵护孩子的自尊心和自信心，这样的沟通才是有效的，才能让孩子愿意接纳我们的指引。

想让孩子听话，就别拿孩子与别人比较

小美和小颖是很好的朋友。这天，小颖来小美家玩，小美妈妈就留小颖在她家吃饭，吃饭期间，自然提到了学习成绩问题。小颖说自己这次考试又是满分。

一听到小颖这么说，妈妈就开始数落小美了："你就不能和小颖学学？你的成绩总是那么糟？上次月考竟然有一门不及格，去年还是倒数第十名，像你这样上课注意力不集中，不专心听讲，又不求上进的人，怎么能取得好成绩？回房间去好好想想去，我不想看到你这个样子。"

虽然不是第一次遭妈妈训斥，可小美觉得好没面子，只好自己回了房间。

其实，我们的生活中，很多孩子都有过小美这样的"待遇"。一些父母，根本看不到孩子的进步，总是数落孩子的缺点，甚至还当着其他人的面，这让孩子的自尊心受到严重的伤害。

其实，这种亲子沟通模式在我们的生活中很常见，很多父母喜欢拿自己的孩子与他人比较，总觉得自己的孩子没有人家的优秀，不知不觉地会用其他孩子的优点来比自己孩子的缺点，嫌自己的孩子不够优秀，于是，他们常常会这样对自己的孩子说"你看你，怎么这么笨，这点小事都做不好，你看你的同学××多懂事。""怎么又考这么差，你看××，回回都是第一名。"等话语，可能这些是父母们无心的话，但说得多了，难免会留在孩子的心里，对他们造成伤害。久而久之，他们就会向父母认为的那样，也认为自己笨、毫无优点、没有自信心等。无形中，孩子的心灵就扭曲了，这样的后果是严重的。

其实，任何做父母的都爱自己的孩子。拿自己的孩子和别人家的孩子对比，也是出于善意，希望他们能向优秀的孩子学习，超越别人，为父母争光争气。但是，有时候善心也会坏事。爱孩子，就不要拿自己的孩子与他人做比较。任何一个孩子，都会反感父母将自己和其他人进行比较。

1.看到孩子的优点，并赞扬他

孩子最希望得到的是父母的认可，你的态度影响了孩子的成长。如果你认为你的孩子是优秀的，他就会真的优秀；相反，他就会怀疑自己，或者用对抗的态度来证明父母是错的，但无论哪种结果，都不是父母希望看到的。

因此，我们对孩子的态度极为重要。

2.即使批评也要顾及孩子的面子

心理学家曾经做过一个调查，调查题目为——"孩子最怕什么"，结果表明：孩子最怕的并不是学习，并不是生活艰难，而是怕被打击，怕没面子。

的确，对于孩子来说，他们的独立意识慢慢萌芽，开始在意别人的评价，而他们最在意的是父母的看法。

一些性格敏感的孩子，自尊心更强，更爱面子。作为家长，我们不要总是拿自己的孩子和别人家的作对比，这样孩子会感受到没面子，也不要当着很多人的面说孩子的缺点、数落孩子，因为孩子每一个行为都是有原因的。也许这些原因在成人看来是微不足道的，但在孩子的眼里那是很严重的事情，这是由他的心理生理年龄特点所决定的。不了解原因当众批评他，非但不能解决问题反而会使问题变得更糟，使孩子产生逆反抵触情绪,导致对孩子的教育很难继续下去。

3.根据自己孩子的特点进行沟通

任何父母都不要拿自己的孩子和其他孩子对比,而要根据自己孩子的特点进行教育。例如,你的孩子脑子迟钝一些,告诉孩子笨鸟先飞,多卖些力。孩子有了进步就应该鼓励。只要孩子付出了努力,已经尽其所能,父母就不要提出过高的要求。

总之,聪明的家长要明白,任何人都渴望被赏识和赞扬,我们的孩子也是。为此,无论何时,我们都不能拿自己的孩子和其他孩子进行对比,而要看到他们的优点,并给予他们鼓励。这样,孩子才愿意接纳你的引导,才会变得更优秀。

别当着外人的面宣扬孩子的过错

作为父母,我们都知道,成人都渴望被赞扬,更何况我们的孩子,他们也有自尊心,尤其是一些生性敏感的孩子。家长应该时刻注意维护好孩子的自尊心,维护孩子的自尊心的重要一点就是不要在众人面前说他们的缺点和过错,不要在众人面前批评他们。因为孩子每一个行为都是有原因的。

有一天晚上,妈妈和妮妮一起看动画片,妮妮突然仰起小脸凑到妈妈的脸前说:"妈妈我给你说件事,你以后就只在我面前说我不听话,别在人家面前说我不听话。"说完她就亲了亲妈妈的脸,不好意思地对着妈妈笑。

看着女儿,妈妈的心里咯噔一下,心情也久久无法平静,妈妈心想,女儿才四岁啊,这么小的孩子就开始有自尊了,所以希望妈妈只在她的面前说她、批评她,而不要在别人面前说她不听话,孩子的心是多么的敏感脆弱。想到这里,妈妈心疼地抱起妮妮,向她保证以后不在人家面前说她不听话了。

英国教育家洛克曾说过:"父母不宣扬子女的过错,则子女对自己的名誉就愈看重,他们觉得自己是有名誉的人,因而更会小心地去维持别人对自己的好评;若是你当众宣布他们的过失,使其无地自容,他们便会失望,而制裁他们的工具也就没有了,他们愈觉得自己的名誉已经受了打击,则他们设法维持别人的好评的心思也就愈加淡薄。"实际情况正如洛克所述,孩子如若被父母当众揭短,甚至被揭开心灵上的"伤疤",那么孩子自尊、自爱的心理防线就会被击溃,甚至会产生以丑为美的变态心理。

很多家长就产生了疑问:"孩子自尊心强,难道孩子有过错就不能指出来吗?"答案当然是能,但是批评孩子也要掌握一定的原则和技巧,不能当众批评。家长在批评孩子时应注意一些方式方法:

1.低声

家长应以低于平常说话的声音批评孩子,"低而有力"的声音,会引起孩子的注意,也容易使孩子注意倾听你说的话,这种低声的"冷处理",往往比大声训斥的效果要好。

2.沉默

孩子在犯错之后,会担心受到父母的责备和惩罚,如果我们主动说出来,孩子反而会觉得轻松了,对自己做错的事也就无所谓了。相反,如果我们保持沉默,孩子会产生心理压力,进而进行自我反省,然后发现自己的错误。

3.暗示

孩子犯有过失,如果家长能心平气和地启发他,不直接批评他的过失,孩子会很快明白家长的用意,愿意接受家长的批评和教育,而且这样做也保护了孩子的自尊心。

4.换个立场

当孩子惹了麻烦遭到父母的责骂时,往往会把责任推到他人身上,以逃避父母的责骂。此时最有效的方法,是当孩子强辩是别人的过错、跟自己没关系时,就回敬他一句,"如果你是那个人,你会怎么解释?"这就会使孩子思考"如果自己是别人,该说些什么",这会使孩子发现自己也有过错,并会促使他反省自己把所有责任嫁祸他人的错误。

5.适时适度

这正如以上说的,不能当众批评,而应"私下解决",这能让孩子明白父母的良苦用心,尊敬之心油然而生。比如,孩子考试成绩不理想时,家长和孩子坐下来一起分析一下考试失利的原因,提醒孩子以后避免此类情况的发生,这比批评孩子不用功、上课不认真效果要好得多。批评教育孩子,最好一次解决一个问题,不要几个问题一起批评,让孩子无所适从;也不要翻"历史旧账",使孩子惶恐不安;更不要一有机会就零打碎敲地数落,结果把孩子说疲沓了,最后对自己的错误无动于衷。

孩子毕竟是孩子,难免会犯错,家长批评一下固然重要,但是家长在批评的时侯,千万要注意不要在人多的地方对他横眉立目地训斥指责,这会伤害孩子的自尊,在一定的场合也要给足孩子的面子。尊重孩子,保护他的面子,掌握批评的方式方法,这对孩子的成长来说是极为重要的!

第8章

营造良好的沟通氛围，消除孩子的抵触情绪

作为父母，我们都知道，如果我们不注意与孩子沟通的方式，那么，亲子间很容易产生沟通障碍，甚至产生矛盾。因此，专家建议，我们最好先营造轻松的沟通氛围，即家长尽可能创造或利用与孩子相处的机会，不失时机地与孩子进行闲谈。家长可以谈些孩子感兴趣的事情，缩小彼此的距离，给孩子创造一个了解情感世界的机会，让他们由此产生对父母的亲近感和朋友式的信任感，而建立在这种关系下的沟通教育也易于被孩子接受，孩子自然会听话。

营造宽松和谐的家庭氛围，让孩子乐于沟通

提到家庭生活，我们想到的多半都是天伦之乐，父母相亲相爱、孩子听话懂事，的确，在这样的家庭环境下，家庭成员能时刻保持良好的心情，对生活充满向往和希望。这样的家庭中的成员无论是工作还是学习都是精神饱满、积极向上、劲头十足的，而孩子也愿意和父母沟通，更愿意接受父母的指引。而如何制造妙趣横生的家庭生活，关键在于父母，父母需要放下家长架子，不必不苟言笑，而应该融入孩子的世界中去、轻松交流，我们先来看下面的场景：

波波的妈妈学历不高，现在，她越来越感到自己文化知识的不足，于是，她决定从头开始，先学习英文，这下子，儿子就成了她的老师。

这天，波波正在看电视，妈妈捧了本书进来，说道："给我翻译几个句子。"老妈看着书上的句子说道，"这个'I don't know.'是什么意思？"波波一看如此简单便脱口而出："我不知道。"老妈有点生气："送你上了几年学，你怎么什么都不知道！"波波说："不是，就是'我不知道'嘛。"老妈："还嘴硬！"不容分说，老妈啪啪几掌打得波波乱跑。

老妈："你再给我说说这个'I know.'是什么意思，这个你该知道吧，给我说说。"波波说："是'我知道'。"老

妈:"知道就快说。"波波说:"就是'我知道'。"老妈:"找茬呀你,刚才收拾你收拾得轻了是不?"波波说:"就是'我知道'呀!"老妈:"知道你还不说,不懂不要装懂!"

老妈又说:"你给我小心点,花那么多钱送你上学,搞得现在什么都不会,会那么一丁点东西还跟老娘摆谱,再问你最后一个,你给我好好解释一下,说不出来我再收拾你,你给我翻译一下'I know, but I don't want to tell you.'是什么意思?"结果波波的翻译又招来一顿骂。"儿啊,'I'm very annoyed. Don't trouble me.'是什么意思啊?"波波:"我很烦,别烦我。"

老妈:"找打,跟你妈这么说话。"老妈再问:"'Look up in the dictionary.'是何意啊?"波波说:"查字典。""查字典我还问你做甚?"老妈又问:"'You had better ask somebody else.'怎么翻呢?"波波说:"你最好问别人。""你是我儿子,我问别人干嘛,又找打。""'God save me!'呢?""上帝救救我吧!""耍你老妈玩,上帝也救不了你!"

老妈刚要动手教训波波,波波连忙说:"是世上只有妈妈好的意思。""嗯,这还差不多,一会儿我给你做好吃的,明天再问你。"在一旁的老爸听了这对母子的对话都笑喷了。

估计我们看完这对母子的对话,也会笑得前俯后仰,波波的妈妈很好学,但她问波波的问题都太巧合了,即使波波的翻译没有任何错误,翻译的意思也会使人误会,这让波波一时无所应对,而波波的妈妈则以为儿子在"戏弄"自己。然而正是这种答非所问、歪打正着的幽默，为平淡的生活增添了乐趣，使得波波一家妙趣横生、其乐融融。在这样轻松幽默的家庭氛围中，又何愁孩子不听话呢？

那么，作为父母，我们该如何制造轻松和谐的家庭氛围呢？以下是几点建议：

1. 作为父母，自己首先对生活要有一种乐观的态度

父母是孩子的模范，孩子的情绪受父母行为的直接影响，与孩子相处时，父母必须乐观一点。当孩子有挫折感的时候，只有积极乐观的父母才能成为他依靠、慰藉的港湾。

父母首先要学会管理自己的情绪，不把不良情绪带给家庭、带给孩子，要塑造出一种安全、温馨、平和的心理情境，用欣赏的眼光鼓励自己的孩子，让身处其中的孩子产生积极的自我认同，获得安全感，让其能自由、开放地感受和表达自己的情绪，使某些原本正常的情绪感受不因压抑而变质。

2. 给孩子一个祥和的家庭氛围

"你滚吧！想去哪里就去哪里！"这是家庭冲突爆发时，家长对孩子常说的一句话，父母与子女双方都摆出唇枪舌剑，互不相让。有些父母利用孩子依赖性强的特点，动辄就用这句话来恐吓孩子，发泄心中的不满。不少任性要强的孩子，实在无法忍受父母的嘲讽被迫离家出走。这些无疑是孩子产生坏心态的源泉：消极、悲观、自卑、浮躁、骄傲、自大、贪婪、偏执、嫉妒、仇恨等，它们就恰似愁云惨雾的阴霾，浓烟滚滚的

烈焰，消磨孩子们的意志，炙烤孩子们的心魂。

而相反，在相互关爱的家庭中，孩子会多一份责任感，会体会到家长的艰辛，这样的孩子往往是积极向上的。

3.相信孩子

要让孩子喜欢自己，家庭要给孩子认同感。在教育孩子学会乐观地面对人生时，除了多与孩子交流，培养孩子的自信心之外，还有一个很重要的方面，就是首先父母要相信自己的孩子，给予鼓励和支持。更重要的是要帮助孩子进取，克服一些他现在克服不了的困难，只有这样，才能教会孩子以正面积极的心态处理任何事。

与孩子一起运动时沟通，严肃的问题轻松说

进初中后，彤彤明显比以前学习压力大了，似乎永远有做不完的作业，似乎永远有看不完的书，就连她最喜欢的动漫，也没有时间看了。紧张的学习压力把彤彤压得喘不过气来，彤彤妈妈是个细心的人，她看出来女儿最近的变化，找来女儿，开始帮助女儿解压，她意识到，好久没有带女儿出去玩了。

在一个周末，彤彤一家三口一起去爬山，爬到山顶的时候，妈妈对彤彤说："当心理状态不佳时，你可以暂时停止学习，放松一下，有一些小窍门会起到立竿见影的效果，如深呼

吸、绷紧肌肉然后放松、回忆美好的经历、想象大自然美景等。另外，平时学习的时候，也不能太努力了，一定要注意劳逸结合，学习之余可以去上网、爬山、聊天、听广播、看电视甚至蒙头大睡，这样既可以暂时转移注意力，也可以缓解大脑的缺氧状态，提高记忆力。这些方法都可以释放内心的压力。记住，劳逸结合，学会缓解才能学习得更好。"

"谢谢妈妈，我知道该怎么做了。"

果然，彤彤又和以前一样，什么时候都精力充沛，学习上又有了更足的劲头儿了。

这里，彤彤父母帮助女儿疏导心理压力的方法值得很多父母学习。面对学习压力，如果父母直截了当地和孩子谈论，难免会让孩子更觉得压力剧增。此时，如果我们能带孩子一起进行体育运动，当孩子得到身体的放松后，再来沟通学习问题，沟通效果明显会好很多。

可以说，在体育运动后与孩子沟通，是营造良好沟通氛围的典型有效方法。这是因为，运动能帮助人放松身心、舒缓神经。科学研究表明，体育锻炼对身体的良好作用，也是通过对神经系统的影响而实现的。经常进行体育锻炼的人，大脑皮质神经细胞的兴奋性、灵活性和耐久力都会得到提高，灵活性提高了，反应也就更快了。从人体活动上看，经常进行体育锻炼的人表现得机灵、敏捷，这反映了他们大脑的敏锐、灵活，因此他们在学习和工作中都能处于最佳状态，并能坚持较长时间。

经常进行体育锻炼的人，在自然环境中接受寒冷和炎热的刺激，也提高了对环境变化的适应能力和对疾病的抵抗能力。

为此，作为父母，我们可以经常带孩子参加体育运动，具体来说，我们可以：

1.多和孩子一起运动

在运动过后与孩子沟通，不仅需要父母有运动的意识，还需要父母切切实实做到言传身教，因为身教更能使孩子积极地参与。

2.带孩子出去走走，回归自然

工作繁忙、孩子学习紧张，让很多家庭的弦一直绷着，不仅孩子得不到放松，家长自己也高度精神紧张。其实，你不妨多抽出一点时间，陪着孩子多出去走走，让孩子感受一下自然的伟大和神奇，尤其是那些山清水秀的地方，更是排放心理压力的好去处，在神奇的自然面前，所有的一些烦恼事都会烟消云散。

3.尝试多种运动方法

这里的运动，包括很多种，可以是力量型的运动，比如长跑、打球、健身等，也可以是智力型的运动，包括下棋、绘画、钓鱼等。从事你喜欢的活动时，不平衡的心理自然能逐渐得到平衡。

4.周末多安排运动来休闲

双休日时，父母不要把大把的时间放在睡懒觉、逛街、看电视上，应该有计划地和孩子进行爬山、郊游等活动，让孩子选择喜欢的地点一起去游玩，这样不仅可以调动孩子游玩的积极性，还锻炼了身体。在亲近大自然的过程中，孩子的性情会得到很好的陶冶、熏陶。爬山需要付出体力，既增强体质，又磨炼意志，这对培养孩子良好素质的作用不可低估。

5.运动后主动与孩子沟通，让孩子一吐为快

很多时候，孩子无法排遣心里的压力，是因为无处倾诉，而在他们眼里，父母只会告诉他要学习，而根本不理解自己，因此，他们宁愿将这种压力憋在心里，也不愿与父母倾诉。其实，父母不妨带孩子尝试各种体育运动，在运动后主动与孩子沟通，先让孩子接受你，当彼此间的隔阂消除后，孩子也就愿意敞开心扉，释放心里的压力了。

同时，很多孩子也有难以与父母启齿或者不愿意与父母沟通的问题，你也可以通过多与孩子一起参与体育锻炼来缓解沟通氛围，这不但有助于排解紧张的心理情绪，更能拉近亲子距离。

寓教于乐，带孩子一起玩耍

飞飞四岁了，相比其他同龄的孩子来说，他显得特别活泼。

周末，妈妈带他到附近的公园玩，妈妈在前面走着，飞飞跟在妈妈后面，妈妈问："飞飞，今晚你想吃什么？"话音刚

落，就发现儿子不见了，妈妈急忙四处寻找，发现在不远处的草地上，飞飞正趴在地上，专注地玩什么东西。

妈妈心中的石头终于落了地，原来儿子在玩呢，妈妈悄悄地走到飞飞后面，发现小家伙正专心致志地用一只草棍拨弄着一只小蚂蚁，翻来覆去，仔细观察蚂蚁的每个动作。"宝宝，你在干什么？"妈妈问。"妈妈，我正玩小蚂蚁。"飞飞连头也没回，妈妈受到了启发，这是孩子有好奇心的表现。

回家后，妈妈给飞飞买了一只玩具小鸟，它会叫、会飞。飞飞有了新玩具，别提多高兴了，他专心致志地观察小鸟的各种动作。

第二天，妈妈下班回家时，却发现他正动手拆玩具鸟，桌子上已经有了几个小零件。见妈妈来了，飞飞显得有些害怕。妈妈故意板着脸问："你怎么把玩具给拆开了？"飞飞怯生生地说："我只是想看看它肚子里有什么，为什么会拍翅膀、会叫。"

妈妈很高兴，她相信：会玩的孩子才能会学，并且，她要参与到孩子的"活动"中来。于是，她鼓励儿子说："宝贝，你做得对，应该知道它为啥会拍翅膀。"听了妈妈的鼓励，飞飞高兴极了。不一会儿就把玩具鸟给拆开了，并对里面的结构观察起来。

飞飞的妈妈做得对，会玩的孩子才会学，活泼也是一种气质，每一个活泼好动的孩子，总是具有敏锐的观察力、想象力和思考力，而这些是成才的关键。作为父母，我们不但要鼓励孩子玩，还要和孩子一起玩，在玩耍中进行亲子互动，加深亲子关系，以利于亲子沟通的进行。

生活中的不少父母可能认为自己的孩子很调皮，总是给你惹麻烦，有时他还很固执，不听你的话。其实，只要你合理引导，你很有可能会找到孩子的天赋所在，但首先，我们要尊重孩子爱玩的天性，并经常和孩子一起玩。

另外，有些家长总对孩子不放心，对孩子的活动范围过多地加以限制，结果抑制了孩子主动性的发展，致使孩子习惯于一切坐等父母安排，生活自理能力差，遇到新环境、新情况就不知所措。最重要的是，孩子好玩的天性被抑制，让很多孩子对父母产生不满情绪，甚至不愿与父母沟通。

所以，父母让孩子经常参加一些活动，有助于他们在心理上摆脱对父母的依附，开阔孩子的视野，增长孩子的见识，培养孩子的责任感、事业心、钻研精神和独立能力等，这更是增加亲子互动的重要方法。

我们可以节假日带孩子去野外踏青郊游，可以让孩子留心大自然的景象及其变化，让孩子运用他自己学到的语文、数学知识来解释周围的现象，并不断提出"为什么"，家长适时给予点拨。家长可以任孩子去跑、去玩、去交往，让孩子仔细观察人们的社会生活，人们是如何进行劳动创造的，从而激发孩子的劳动热情和创造欲望，使孩子的想象力自由驰骋，逐渐成长为一个大有作为的人。

因此，我们一定要重视方法，最好能寓教于乐，因为对于很多孩子，尤其是年幼的孩子，本身他们大部分的时间都是在玩中度过的。因此，当你的孩子开始在草地上摸爬滚打的时候，千万不要喝止孩子，这是引导孩子掌握平衡和灵活性的最佳时期。如果你的孩子大一点了，你还可以放手让他和同龄孩子参加游戏。

在一个人的成长过程中，游戏非常重要，尤其是在建立自尊和自信这一问题上，游戏的种类很多，比如在玩"扮演"类游戏时，一些女孩子就特别擅长扮演角色和设计游戏中的情节。

儿童还能在游戏中认识自我，通过游戏，我们能选择玩什么，或者做什么，也可以决定和谁一起玩等，最终他们完成身份的认同——这正是建立自尊必不可少的两个步骤。

可见，在玩乐中，孩子智力、想象力、创造力、与人交往的能力等都得到了锻炼，这些都是将来接触社会时必须掌握的。

另外，我们要为孩子提供快乐轻松的成长范围，一个美好舒适的环境能给孩子带来快乐的心理暗示，我们要让孩子感受到来自家庭的爱，让孩子快乐成长。

总的来说，我们与孩子沟通，一定要站在孩子的角度考虑问题，要给孩子玩耍的机会，并放手让孩子自由地玩耍和探索，最好陪同孩子一起玩耍，不能一味地逼迫孩子，这样反而没有效果，甚至还会让孩子反感。

和孩子一起读书，享受亲密的亲子时光

我们都知道，书籍是人类进步的阶梯，是智慧的源泉，更能净化人的心灵。我们不仅要让孩子每天坚持阅读，还要多带领孩子阅读，把孩子需要懂的道理和规则用故事的方法去教给孩子，这样一来，他更容易接受，这原比教导和训斥孩子听话效果好很多，因为亲子阅读本身就是一种沟通。可见，多和孩子一起阅读不仅能培养孩子好的阅读习惯，更能让父母和孩子一起享受亲密的亲子时光。

但实际上出于很多原因，在孩子很小的时候，他们对书籍的好奇以及兴趣经常被以父母为中心的家庭教育扼杀了，尤其是孩子有了升学压力后，很多父母更认为"孩子应该把精力放在学习上了，阅读太多影响学习"。他们忽略了一点，爱阅读的孩子，学习成绩不会差，阅读是增长知识、开阔眼界的重要方式。同时，我们对孩子的培养不只包括智商，还有情商，孩子良好的情商也可以通过和父母一起阅读获得。

"我算是晚婚晚育的女性，30岁以前都在忙事业，但结婚生了孩子以后，我还是把一部分精力放到了家庭上，尤其是孩子到了五六岁的时候，更要抓孩子的教育了。女儿今年六岁了，年初，我就和她爸爸商量，谁有时间，就要带女儿去图书馆。刚好，最近我在电视上看到一个倡议孩子多读书的活动，这一下子激发我将带孩子看书提上了日程。

这个周末，我带女儿来到了图书馆，'学无止境'，这就是图书馆给我们每个人的感觉。

刚到图书馆门口的时候，女儿就十分兴奋，不错，小家伙对读书不排斥。来到图书馆，我先办了读书卡，然后对女儿说：'妞妞，进到图书馆里面一定不能大声说话，因为叔叔阿姨们都在安静地读书学习，声音太大会影响别人，你要像楼下的小妹妹睡着了那样轻轻地走、小声地说'，女儿用力点点头'嘘'了一下。

看了一下图书馆的布局图，我发现儿童读物在三楼。走到三楼阅览室，我再次对女儿'嘘'了一下，女儿非常配合，静静地随着我穿过一排又一排的书架，最后找个位子坐了下来。小家伙找到自己喜欢的读物后，就乖乖看起来。

到下午五点的时候，我提醒女儿该回家了，她才不舍地离开读书馆，我问女儿有什么感受，她说：'妈妈，以后我们可以不可以自己盖一个读书馆，里面有好多好玩的东西。'我知道，我们这一次图书馆之行起作用了，女儿爱上读书了。"

这里，这位妈妈的教育方法是明智的。的确，和孩子一起阅读，父母往往会把自己的读书兴趣和习惯传递给孩子，孩子会在潜移默化中受到影响。美好的亲子阅读时光和互动，不仅能让孩子自由地发问、思考，而且能增进亲子感情。父母就书中内容进行的引导，会给孩子留下深刻的印象。

那么，关于亲子阅读，我们具体应该如何去做呢？

1.每天最少和孩子一起阅读十分钟

任何习惯的养成最少需要21天，和孩子一起阅读也是如此。一开始，我们可以带领孩子阅读，当孩子养成习惯以后，就会自动每天要求阅读了。

2.为孩子创设支持性的阅读环境

如果你的孩子开始喜欢阅读，那么，你应该感到高兴，并且对孩子"痴迷"于看书给予理解和支持，并让孩子知道自己的阅读活动是得到父母允许和赞同的。其次，可以布置一个专属的阅读区，每天带领孩子在此阅读区阅读。

3.多为孩子讲解

为孩子讲解阅读内容也是一种沟通，孩子接纳你的讲解内容，也就打开了亲子沟通的大门。因此，当孩子要求家长讲解时，家长应该和他们一起看，并根据图画内容和孩子交谈，使词句和图像联系起来，训练孩子的语言理解能力。最后再要求孩子复述一遍。在复述故事时，孩子有可能记不真切，家长可适当提醒，鼓励其用自己的语言把故事讲完，从而进一步提高幼儿阅读的信心和兴趣。

4.给予自由，适时协助

在这一阶段家长要做的是鼓励孩子自由阅读、自由探索，当孩子获得尊重和信赖后，他就会在环境中自由探索、尝试。如果幼儿在阅读时遇到困难，家长可帮助幼儿解决困难，但千万不要代替孩子读书。

5.和孩子进行亲子阅读时,不要忽视身体语言的作用

模仿是孩子学习的主要方式之一,父母可以将书中的内容用丰富的肢体动作表演给孩子看,孩子在模仿的过程中就会更好地理解书中的内容,并能激发他的想象力。睡前是最佳阅读时机,幼儿的浅睡眠时期最容易进行无意识的记忆,因此一定要把握睡前的阅读。

其次,为了增强和激发孩子阅读的兴趣,建议家长们将书本上的知识与生活结合起来。在和孩子一起读过海洋动物书后,就可以带他去海洋馆看看海豚、海豹到底是什么样子;看过植物书后,家长则可和孩子一起去野外认识各种可爱的植物。这样就可以使阅读变得更有趣,孩子的读书兴趣就会逐渐建立起来。

其实,很多父母也发现,爱阅读的孩子往往更加自信、健康,与父母的关系更融洽。因此,我们在平时就要多带领孩子一起阅读,和孩子徜徉在书海中,共享快乐的亲子时光。

有幽默感的父母,能活跃家庭气氛

所谓的幽默感就是通过语言或肢体语言的表达方式,让与自己互动的对象感到愉快的言语或举止。有这种言行举止的人,我们称为具有幽默感的人。具有幽默感的孩子通常很乐

观,在生活中不断地制造欢笑,让周围的人感到轻松愉快,自己也会富有成就感和自信。在家庭教育中,亲子之间沟通,如果父母能运用幽默的因素,就能活跃家庭气氛,让孩子更听话。

有一位幽默的老师,经常妙语连珠,就连批评人也是意味深长,令人终身难忘。比如,考试有人翻书作弊,他说"微闻有鼠作作祟祟"。他说得如此含蓄委婉,被他批评的学生,还有谁再作弊了呢!后来,他们班上的同学也都一个个变得很幽默。有位家长学习到了这种幽默的教育方式,他在教育儿子时,不自觉地也采取了幽默的方法。比如,儿子生气了,他说是"晴转多云";儿子伤心流泪了,他劝他"轻伤不下火线"。餐桌上,他还经常来几个即席小幽默,让大家开开胃。他这样做,活跃了家庭的气氛,也拉近了和孩子的心理距离。

的确,生活就是这样,是平淡无奇的。对于孩子来说,若家庭生活是沉闷、无趣的,那么,他们便会感到无聊至极甚至窒息,而且家庭成员之间的关系可能会僵化,连说话的次数都极为有限,毫无生气可言。久而久之,这样的家庭便成了一汪死水,在这样的家庭环境下,孩子还怎么可能愿意和父母沟通乃至听父母话呢?

相反,家庭成员若能发现生活中的趣味,开开玩笑,那么,家庭生活就可以摆脱沉闷。有幽默的家庭是富有生机的,孩子能感受到来自父母的关心和爱护,他们就像生活在一个乐园,欢笑和美好充斥着每一个角落。

许多人都喜欢幽默，我们的孩子也是如此。幽默能融洽沟通氛围，那么，作为父母，在现实生活中，我们如何挖掘出那些令人会心一笑的幽默素材呢？我们可以尝试这样做：

1. 保持平常心

在这个世界上，凡事不可能一帆风顺，事事如意，总会有烦恼和忧愁。作为父母的我们，每天要面对忙碌的工作和生活，还要教育孩子，难免心生烦恼。当烦恼的事时常萦绕在我们心头的时候，我们要学习智者，用幽默化解烦恼，还自己快乐的生活。只有这样，才能感染孩子，让孩子也快乐起来。

我们应做到万事想得开，随时随地保持心理平衡，相信自己，不对自己过分苛求。每个人都有自己的抱负，有些人对自己的要求过高，根本非能力所及，于是终日郁郁不得志，这无异于自寻烦恼。有些人做事情总想得到成果，它反而远离他们，正所谓凡事不要太过强求。

2. 培养深刻的洞察力

洞察力可以帮助你提高观察事物的能力，培养机智敏捷的能力。只有迅速地捕捉事物的本质，以恰当的比喻、诙谐的语言进行表达，才能使人们产生轻松的感觉。当然，这需要我们多阅读和多观察，提升自己的知识水平和认识水平。

总的来说，做幽默的父母、有幽默的沟通能力，能融洽家庭氛围，让孩子愿意与我们沟通。在这样的家庭环境下，孩子也会快乐、健康地成长。

第9章

尝试非语言沟通，拉近亲子之间的心理距离

作为父母，不知你是否回想过，上次你抱孩子是什么时候、拉孩子的手是孩子几岁时。的确，随着孩子越来越大，我们与孩子之间的心理距离似乎越来越远，其实，亲子之间心理距离的拉大，很大程度上体现在非语言沟通上。反过来，如果我们拾起亲子之间的"亲密"互动，让孩子感受到平等和尊重，他们便会对我们产生信任，进而愿意与我们沟通成长中的问题。

非语言沟通，更能表达你的爱

前面，我们已经提及，非语言在亲子沟通中的重要作用。的确，很多情况下，我们的孩子需要的也许并不是嘘寒问暖、昂贵的礼物，而是一个温暖的拥抱、一个鼓励的眼神。然而，我们是否还记得，上一次拥抱孩子是多久前的事了？不知你是否还记得，在孩子还小的时候，你曾将他抱在怀中，哄他睡觉；当他受了委屈时，你曾为他擦去眼泪。有些父母只是在孩子还很小的时候才会和孩子有身体的接触，而孩子长大后便忽视了这一点。然而身体接触可以令孩子切身体会父母的关怀。同时也别忘了接纳孩子对你们的爱意。

作为父母，我们需要明白，孩子毕竟是孩子，他们需要父母的爱和关怀。而表达爱，更好的方式就是肢体接触。我们要让孩子感受到，无论什么情况，你都是爱他的，即使他做了什么错事。事实上，有时不说话，而利用身体语言，如微笑、拥抱和点头等，就可以让孩子知道你是多么疼他。

我们先来看看下面这位妈妈的教育经历：

"昨天，我去接婷婷放学。宝贝一出来，就扑到我怀里，很委屈地说：'妈妈，××把我的鞋子拽坏了。'要知道那双凉鞋是我才买的，婷婷很喜欢的。一下子被弄坏了，婷婷心里肯定会伤心的。看到女儿哭得这么伤心，我什么也没说，只是轻轻拍打着女儿的背,等女儿哭完了,才慢慢挣开我的怀抱,此时,我才询问原因,原来是在午睡时被同学恶搞的。婷婷还自信地告诉我:'我已经告诉老师了,老师已经批评他了。'听了此事后,我很想去找老师。待我冷静下来想了想,不必为了这点事再去和老师交流,只要老师清楚事情缘由,我也不必小题大做。于是,我蹲下来用温柔的口气对宝贝说:'没事的,下次你要学会保护好自己的东西,不要让别人再破坏你的东西了。'婷婷对我点点头。"

案例中的妈妈在女儿遇到委屈时,并没有多说多问,而是先用肢体语言安抚女儿的情绪,当女儿情绪缓和后,才询问原因,并"蹲下来"与孩子交流,教会孩子恰当处理人际问题的方法。

由此可见,非语言信息在沟通过程中是多么重要。然而,不得不说,在亲子之间的沟通中,非语言沟通常常被忽视。也有一些家长一直采用错误的非语言沟通方式与孩子交流,例如经常向孩子摆脸色、拍桌子、摔东西等,这些都会被孩子理解成你极度嫌弃他的信号。这些非语言行为都是拒绝沟通的信息,因此它更会阻碍亲子之间的沟通,破坏亲子关系。为此,教育心理学家为我们给出一些建议:

1.尝试接收孩子的非语言信号

在孩子小的时候,我们会留意他的一举一动,生怕他有什么不"对"的举动;当孩子不吃、不睡、不玩或精神不如平时集中时，父母都会去推测，或者去直接感觉孩子的情绪状态反映了些什么，表达出对孩子的关心和爱护。可是，当孩子长大后，父母除了关心孩子的学习成绩，似乎不愿意再去体察孩子的内心世界了。

其实，孩子也有用语言表达不出来的思想感情。有的时候，出于自尊心或是别的一些原因，孩子并不愿意或认为没有必要用语言说出他们的思想感情，但他们又很想让父母明白他们的意图，这时，他们就会改用另一种表达方式对父母进行暗示。因此，生活中，父母一定要注意孩子的无言的行为，来识别或弄清孩子的动机或基本情绪。其实，凭借着细致与耐心，做到这些都不困难。

2.尝试着用身体语言表达你对孩子的爱

举生活中很简单的一个例子，比如，你的女儿取得了一个好成绩，做父母的需要赞扬、鼓励她，这时，如果家长单纯地用语言与孩子沟通，告诉孩子："女儿，你真棒，妈妈因为你而骄傲！"她也会很高兴，但是这种高兴劲也许没过多久就会被她忘记；如果父母运用非语言与她沟通，微笑地走向孩子面前，给她一个拥抱，然后再告诉她："女儿，妈妈为你而骄傲。"这样，她将永远也不会忘记妈妈对她的赏识和鼓励。

总的来说，向孩子表达爱的方式有很多种，但我们千万不要忽视非语言的沟通方式，经常抱抱你的孩子、用眼神鼓励孩子，你的孩子自然能感受到你的爱，也自然愿意接纳你的引导。

非语言沟通的形式有哪些

"非语言沟通"就是指运用非语言性的渠道来传递信息、表达观点以和别人沟通的一种方式。现代心理学告诉我们，非语言性沟通交流是一个人真实感情更准确的流露。因为一个人在很多时候很难控制自己的非语言反应，这种反应更真实地表达了一个人内心的想法。心理学家指出："如果将注意力完全集中在人类的语言交流上，那么，许多交流过程将从眼前消失"。他们之所以非常重视非语言性沟通，是因为他们认识到在整个沟通过程当中，非语言性行为发挥着至关重要的作用。有很多资深的心理专业人士认为，在一个交流过程中，非语言性行为占80%，而语言性因素只占20%，甚至更少。

为什么人们会如此重视非语言性沟通呢？心理学家认为，不同的人有着不同的知识、职业、技能构成，他们所说的专业术语有时候很难让对方明白是什么意思。说的东西多了，反而还会引起对方的恐惧与疑惑。而非语言性行为则是一种自发的反应，能避免这一问题。

在亲子沟通中，很多父母常常采用诸如唠叨、压制、命令的沟通方式，沟通效果并不理想，其实，如果采用非语言沟通的方式，反而能消除孩子的不良情绪，让他们愿意真正接纳父母的引导。

非语言性沟通具体有几种形式，父母又该如何正确地运用呢?下面我们就来了解一下这些知识。

1.经常对孩子微笑

人的面部表情和面部神态是非语言信息里面最重要的组成部分,也是非语言沟通最丰富的源泉,它是一种共同的语言。尽管人们的生活背景、文化背景不同,但是面部表情可以传递相似的感情,使人们更准确地了解对方的真实感情。

与孩子沟通,如果我们能够经常对孩子微笑,就能够使孩子感到安慰和温暖;反之,若以冷若冰霜的面孔示人,则会引起孩子的抗拒和不满。

2.目光接触,肯定和鼓励你的孩子

目光接触是非语言交往中的主要信息通道,它既可表达和传递感情,显示某些个性特征,又能影响他人的行为。目光与其他体态信号相比是一种更复杂、更深刻、更富有表现力的信号。

因此,在和孩子交流的时候,要多给孩子鼓励和肯定的眼神,有时候,你简单的一个眼神,就能让孩子充满力量。

3.孩子犯错时可以沉默

孩子在犯错之后,会担心受到父母的责备和惩罚,如果我们主动说出来,孩子反而会觉得轻松了,对自己做错的事也就无所谓了。相反,如果我们保持沉默,孩子会产生心理压力,进而进行自我反省,然后发现自己的错误。

4.触摸

触摸是一种无声的语言,是非语言沟通交流的特殊形式,包括抚摸、握手、搀扶、拥抱等。触摸能增进人们相互的关系，是用以补充语言沟通，并向他人表示关心、体贴、理解、安慰和支持等情感的一种重要方式。

例如，医生在和患者交谈的时候，触摸不但能表示他对患者的关注和安慰，还能稳定患者的情绪，给他们安全感、信任感，消除他们的恐惧心理等。

有位母亲在谈到女儿曾经参加围棋比赛的一次经历时说："女儿从小就学习下围棋，且一直很热爱，我也有意识地引导她，让她能坦然接受各种大小比赛中的成败得失。就在上次的市里比赛上，女儿失败了。

"比赛结束时，她哭着跑向我，我当时什么也没说，只是抱了抱她。事后，我引导她：有比赛就有输赢，只要你好好学，什么时候技术超过了别人，你就能战胜对方了，如果你现在还比不上人家，被别人吃掉时，你也要勇敢些，别哭，你走围棋时多用小脑袋想想，是哪里出错了……

"在一次又一次的心理引导和实践的体验中，孩子的承受力渐渐增强了。现在她的成绩也越来越出色，赢的机会也多了，孩子面对失败也更坦然了。"

在亲子沟通中，我们要多拥抱孩子，让孩子感受到来自父母的爱，而当孩子长大后，可以尝试与孩子握手，让孩子感受到你的信任，这样，孩子也愿意信任你。

蹲下身子，听听孩子想要说什么

生活中，很多父母总认为与孩子沟通就必须在孩子面前树立威信。于是，他们在说话时尽量提高音调，以为孩子会听自己的话，但结果却常常事与愿违。其实，假如我们能蹲下身子，孩子就会感受到你对他的尊重，同时，他们也会集中注意力听你说话，沟通效果自然会好很多。这一点，对于年幼的孩子来说尤为重要。

有一个故事说：

从前，有一位王子，他得了一种怪病，他总认为自己是一只公鸡，当他人与他讲话他就学鸡叫。

为了给王子治病，国王四处寻医，但都无果，后来，民间来了一个人，他称自己能治好王子的病。

他一看到王子，就钻到案子底下学鸡叫，两人一下子热络了，在一起玩、吃、住。慢慢两个人感情深了。突然有一天，这个人说，我要变成人了，王子也说，我也要变成人了。

这个寓言故事很好地阐述了"蹲下来看孩子"的教育理念，也就是说，蹲下来，你才能看到和孩子眼界里一样的世界，就更容易理解孩子看到了什么，在想些什么。只有这样，才可以达成有效的沟通。

在与孩子沟通，尤其是批评他时，如果我们能蹲下身子，与孩子平等对话，和颜悦色地与孩子讲道理，那么，孩子更易接受。

生活中，有这样一些家长，他们一遇到孩子犯错误的情况，就大声责骂孩子，而结果，孩子的反对的声音比他更大，最终，双方的情绪都很激动，亲子之间的关系也变得很紧张。

我们在与孩子沟通时，还需要注意以下几点：

1.鼓励你的孩子多吐露心声

家长要在家庭中发扬民主，平时要多注意和孩子沟通，让孩子发表自己的观点，这能让孩子感觉到无论做什么，只有"有理"才能站稳脚跟，这对发展孩子个性极为有利。

2.多倾听，先不急着发表意见

即使孩子的看法与大人不同，也要允许孩子有自己的想法。父母应考虑到孩子的理解能力，举出适当的事例来支持自己的观点，并详细地分析双方的意见。父母不压制孩子的思想，尊重孩子的感觉，孩子自然会敬重父母。

3.给孩子一定的情绪空间

孩子毕竟是孩子，他们很少隐藏情绪，低龄时期的孩子，情绪是外放的，他们会选择哭闹来表达自己的情绪，对此，我们一定要给他们情绪空间，允许他们发脾气。他们发脾气的时候你不要着急，不要焦虑，让他们发脾气，因为那是他们的需要，是自我发泄情绪的一种方法。

比如，他因为得不到第二件甚至更多的玩具而想哭时，家长可以领着他暂时离开玩具，然后蹲下来继续告诉他说：

"今天这个玩具是一定不可以多买的,只能买一样,待会儿我们还回去。"

"不行,我就要!妈妈,那些玩具都很好!"

妈妈要继续坚持原则,只同意买一样。这时孩子就会又哭又闹,他哭的时候你应该给他发泄情绪的空间,让他发泄一下情绪。

专注地看着他哭,这能告诉他:儿子,你哭吧,我知道你需要用哭来发泄一下,这是有道理的,我给你时间,尽情地哭吧。他哇哇大哭完了,你还要坚持说:

"我们可以再去超市买玩具,但还是原来的规定,只能买一样,好吗?"

这个案例最重要的一点就是按照规则行事,这样的解决办法既没有伤害孩子,妈妈也没有生气,还为以后的教育铺平了道路。主要依据的是什么?依据的是孩子的性格特点,迎合的是他们的性格特点。就这么简单。

4.即使批评孩子也不要伤害孩子的自尊心

孩子的内心是脆弱的,他们在某些行为习惯上有不对的地方时,我们应该主动指出来,但一定要照顾到孩子的心情。比如,当他吃饭前不洗手时,你可以这样指出来:"你知道吗?吃饭前不洗手是一件很不卫生的事,会滋生很多细菌。"用轻柔的话语来讲述道理,能让孩子更容易接受。而相反,假如你说:"你看你那脏兮兮的手,真恶心。"那孩子会怎么想呢?

日常生活中，我们在教育、批评孩子时，要用比平时更低的音调。因为降低音调能体现出对孩子的尊重、保护。反过来，大声训斥会让孩子产生一种心理错觉，他会认为你不爱他。总之，家长要想使孩子接纳你的意见，就要学会克制情绪，把沟通的音调降低。

和孩子一起做游戏，是亲子沟通的重要方式

我们发现，很多家长一提到与孩子沟通，就想到了"学习"。其实，孩子的世界是从游戏开始的。孩子天性好玩，建立亲子关系的第一步就是与孩子一起做游戏，尤其是一些具有挑战性的游戏。其实，父母可以陪同孩子一起玩，这样，不但能提升孩子的智力和非智力因素，还能加深亲子关系。早教专家指出，早期的亲子游戏有益于亲子之间的情感交流，加深亲子关系，还有益于婴幼儿的情商发展；良好的亲子关系反过来又有助于亲子游戏在家庭中的进一步开展和丰富，从而形成良性循环，促进幼儿情商、亲子关系、家庭关系等多方面的发展。

游戏在亲子关系中，主要体现出使情感联系更密切的功能。亲子游戏以亲子之间平等的玩伴关系、亲子感情为基础，因此，亲子游戏带有明显的血缘和亲情性质，能够进一步促进亲子关系的发展，使亲子间的情感联系更密切。在游戏中的身体接触，对

增进亲子关系有着最为重要的作用,能够促进情感交流。

在亲子游戏中,孩子能更大程度地感受到父母的爱与关注,形成双向情感联系,有利于促进双方的情感交流,强化亲子关系,增进孩子的情商。而对于亲子间的沟通来说,亲子游戏能营造良好的沟通氛围,消除孩子对于沟通的抵触情绪。

那么,我们可以和孩子一起做哪些游戏呢?

1.搭积木

积木是一种素材玩具,它由不同的几何图形组成,可以开展多样化的游戏。

首先,它是结构游戏的重要材料,可以作为主要的结构玩具供孩子玩耍。由于积木是素材玩具,单一块积木并无意义,只有当这些积木被组合成物体的形象时才能反映生活活动。所以,积木能为孩子提供想象的广阔天地,可有力地促进孩子创造思维发展,培养孩子的创造能力。

同时,孩子在拼搭积木的过程中,锻炼了手的灵活性、眼手的协调性。手脑并用使他们感觉灵敏,为今后学习打下良好的基础。积木的拼搭是件细致工作,一幢楼房需要几十块积木才能搭成,因而要求孩子认真、细心、坚定地去实现。孩子们在共同建造活动中,还能形成良好的集体品德,增进有关立体造型方面的艺术知识、技能。

积木是孩子游戏的亲密伴侣,是教育孩子的重要教具,它有利于促进孩子身心的全面发展。

2.玩拼图

准备色彩鲜艳的拼图块，把拼图块打乱，记录一下孩子需要多长时间才能拼好。玩拼图不仅可以培养孩子的注意力，还能让他做事更有耐心。

3.涂鸦

涂鸦对我们大人很简单，但是对于孩子来说，这不仅需要手部小肌肉的良好控制力，而且还需要很大的耐心，所以，家长除了指导孩子如何去画之外，还要在孩子有点烦躁的时候，安抚他们并带着孩子一起完成，以不强求为准。

另外，品质好的油画棒是最佳选择。孩子经常会有意无意地把东西放到嘴里，所以选画笔一定不能吝啬。水笔也可以，只是效果就不太好了。

4.橡皮泥

橡皮泥是被用来辅助幼儿学习的工具。

在学拼音的教学过程中，家长可以让孩子们用橡皮泥来捏字母，用各种各样颜色的橡皮泥捏成字母，任由小朋友们喜欢哪种颜色就捏哪种颜色的，这样，小朋友们会学得非常快。通过这种方法学习，小朋友们既学会动手制作，又学了课本的内容，真是一举两得，更体现了教学理念中的玩中学、学中玩。

孩子很喜欢吃汉堡、薯条，在家玩橡皮泥时，爸爸妈妈就可以对孩子说："我要吃汉堡包、我要吃薯条。"等孩子做好了这些食品时，爸爸妈妈可以向孩子买，并且可以"讨价还价",吃过了薯条吃鸡翅,吃过了鸡翅吃猪排……孩子的橡皮泥在你的帮助下已是变化多端了。

5.穿珠子

材料:各种珠子、细金属丝、粗细不同的吸管、瓶盖、盒子。

玩法:

(1)在细金属丝的一头打结,另一头从珠子孔穿过,整条金属丝穿完后,把头尾打个结而成一串珠子。

(2)按珠子的颜色、大小或形状有规律地串珠子。

(3)将这些材料用来装饰各种物体,如装饰手帕、装饰纸碟等。

(4)将各种珠子、吸管或瓶盖进行分类,送入相应的盒子中进行分类。

要注意,这种游戏不适合于太小的孩子参与。家长在游戏的过程中要谨防儿童将小物件吞下去。

6.过家家

过家家是可以丰富孩子的生活、社会经验,培养孩子创造性的游戏,这也是他们最喜欢的亲子游戏之一。过家家包括:厨房、餐馆系列过家家;医院系列过家家;消防系列过家家等。

另外,我们在和孩子一起玩游戏时,需要注意:每次在和你的孩子游戏之前,先观察一会儿,看看孩子正在玩什么,在怎样玩手边的东西等。如果孩子正在兴头上,没有要大人加入的意思,就应该让他独立地继续玩;如果不是上述的情况,那么您就应该参加到里面一起玩，而且是玩孩子正玩着的游戏，尝试以这种方式将游戏玩下去。

另外，作为家长，我们需要注意一点，对于年幼的孩子来说，教孩子游戏规则，一次不要教太多，而是多给他鼓励。游戏时应该顺着孩子玩的游戏玩。这样就表明您认可孩子正玩的游戏，而且还在称赞他。有时候，只要您能坐到他的身边，看着他玩就够了。这样，孩子玩起来兴头就更足了，您也可以顺便对他发育的情况进行一番观察，而这些情况可能一不注意就会错过。

总的来说，陪孩子一起玩游戏，是我们在孩子成长过程中不可或缺的一个环节，它不但能开发孩子的智力和非智力因素，还能促进亲子关系的发展，且有助于建立轻松的亲子沟通氛围，我们更可以在游戏中向孩子传达我们的教育意见，让孩子更听话。

陪孩子一起探索未知世界，是一种支持和认可

作为父母，我们都知道，孩子需要游戏，需要玩耍，会玩的孩子更聪明。所以一些父母也支持孩子多玩耍，但是却很少有父母能和孩子一起玩，至于原因，他们会说，大人的兴趣和孩子的差距太大了，孩子对这个世界充满好奇，而他们那些细小的兴趣在大人看来是无知且无趣的。但实际上，这并不是真的认可和支持孩子，如果我们能对孩子的兴趣予以关注，并能够和

孩子一起做他感兴趣的事，那么这对孩子来说无疑是一种认可和支持。如此一来，孩子也才会认可和接纳你的引导，听你的话。

著名画家达·芬奇的成才之路，就是在他父亲彼特罗的支持下完成的。

达·芬奇出生在一个富裕的家庭，他从小就喜欢自然风景，并且，他一直想要将那些美景搬到画纸上，所以，在他很小的时候，他就开始坐在草地上画那些昆虫、树叶等。

他周围的人都觉得他太奇怪了，但是他的父亲不但没有指责，反而给予儿子肯定与支持。在父亲的帮助下，达·芬奇很快就成了镇子里的"小画家"。

有一天，镇子上的一位农民交给达·芬奇的父亲一块木板，希望达·芬奇能在上面作画。达·芬奇将木板刨平，用锯做成盾牌的模样。等完成之后，他便在上面画了自己最熟悉的小动物。画成后，他拿去给父亲看。父亲看到后，大为赞叹，因为达·芬奇的画不但画面结构合理，而且很逼真，画上的动物有很多，比如蛇、蝙蝠、蝴蝶、蚱蜢等小动物，这些动物栩栩如生，活灵活现，这让达·芬奇的父亲更加坚定了送达·芬奇去学画的决心。

在父亲的大力支持下，达·芬奇更加投入到了绘画的学习当中，在绘画的世界里，他如鱼得水。他后来还成了维罗奇奥的弟子。维罗奇奥是当时著名的画家，他的指导加上达·芬奇自身的努力，终于成就了达·芬奇的不凡成绩。

很显然，达·芬奇的成功有很大一部分有赖于父亲的支持。在现实当中，你是如何对待孩子的兴趣的？在孩子表现出对某一事物浓厚的兴趣时，你有没有愉快地参与进去？在孩子全身心地投入到自己感兴趣的事情中时，你会不会任意打断？

我们唯有给孩子支持并陪伴他做他喜欢的事，他才能感受到支持和鼓励，也才能专注地将一件事坚持到底。

有不少父母总是抱怨，自己经常和孩子一起做事，可收到的效果却不尽如人意。事实上，当父母陪孩子做他并不喜欢的事情时，是很难取得理想效果的。所以说，最重要的不是父母花了多少时间陪孩子，而是是否和孩子一起做了他喜欢的事。

比如，父母下班回家后，陪孩子一起画画，一起唱歌，一起就某个他感兴趣的问题展开一番讨论，或者一起看场球赛，一起去电影院看一场电影，等等。这些事情或许花费不了父母多长时间，但是因为父母的加入，孩子会更加投入，也更加快乐！

为此，在日常的家庭教育活动中，我们可以：

1. 参与到孩子对未知世界的探索中

孩子对这个世界是充满好奇的，因为对于他们来说，一切都是新的，他们对未知有着浓厚的兴趣，所以，他们总是想摸一摸这个，看一看那个，这一切在他们看来都像是在"探险"。有的家长可能觉得孩子这样很调皮，但其实，这是引导孩子的最佳机会。

有时候，我们认为，孩子的某些行为太危险了，但其实，这并不是我们扼杀孩子天性的理由。如果想要孩子健康成长，那么父母不妨参与到孩子的探索当中。这个过程既保证了孩子不会偏离方向，又能趁机引导孩子学习，是一举两得的事情。

而且，父母的参与和支持能够让孩子对兴趣持之以恒，还有利于亲子关系。

2. 将孩子的兴趣与知识学习结合起来

培养孩子的兴趣，尊重孩子的兴趣，归根结底还是为了让孩子能够在此基础上有所发挥，将来能够取得好的成绩。因此，聪明的父母会想办法把孩子的兴趣和学习联系起来。

比如，孩子喜欢做游戏，那么我们可以告诉孩子，要想成为游戏高手，不但要多玩，更要将语文、数学、英语等科目学好，以后也有可能成为游戏设计大师，孩子自然会产生更浓厚的兴趣。

比如，孩子喜欢玩扑克牌，一些父母认为孩子这么小就喜欢赌博，于是大声制止，甚至惩罚孩子，但其实，玩扑克能锻炼孩子的心算能力，能激发他们对数字的兴趣；也可以通过猜谜语等形式教孩子认识、理解字词；可以通过玩卡片的形式与孩子一起学习英语单词。这样一来，就会让孩子将兴趣和学习知识相结合，也就不会认为学习是枯燥乏味的事了。

总的来说，生活中，有一些父母是支持孩子多玩的，不过只有很少的父母能够和孩子一起玩、做他感兴趣的事。实际上，这种做法不但能拉近亲子之间的距离，让孩子愿意与父母沟通，还能让孩子做起事来更加专注。因此，父母们还是积极行动起来吧，参与到孩子感兴趣的事情中去，相信会收到意想不到的效果。

第10章

调动教育力量，多角度让孩子接纳我们的指令

不少父母感叹，现在的孩子真是越来越不听话了，尤其是年纪长大点后，无论你做什么，说什么，他们都要跟我们对着干。的确，孩子叛逆不听话，是很多家长尤其是妈妈们的烦恼。其实，教育孩子，不是母亲的专属工作，而是全家人乃至学校的责任，因此，我们要调动各方面的力量，共同沟通、合理解决孩子的不听话问题，以帮助孩子健康快乐地成长。

父母间相互支持，沟通时要态度一致

生活中，相信不少家长来自这样的家庭模式——严父慈母：就是指父母"一个唱红脸，一个唱白脸"，他们相互配合，在教育孩子的时候，一个正面教育，一个配合，相得益彰。很多父母认为这样配合教育，能起到良好的教育效果——孩子听话了，事实上，这种观点并不合理。试想，如果父母双方，一个执行自己的严格教育方法，另一个则表现得过于温和，对孩子一味迁就，那么，我们不难想象，就会出现这样的情形：孩子见到严厉的家长就会像老鼠见了猫一样，唯唯诺诺；而见到温和的家长，就马上像换了一个人似的，立即变得放肆起来，甚至不把这位家长的话放在眼里。久而久之，孩子不但失去了正确的行为标准和判断力，其性格和行为也会变得不稳定，甚至会出现性格上的缺陷，这不利于孩子树立正确的人生观和价值观。

因此，正确的亲子沟通关系是，父母态度一致、站在统一战线，让孩子明白自己的行为界限，这样，才能教育出听话的孩子。

就像下面案例中这样的情景，在我们的生活中比比皆是：

傍晚的时候，一身臭汗和污垢的小强从外面回来，手上还有擦伤。

妈妈知道他肯定又是和谁家孩子打架去了，就问："你是不是又打架了？"

"不是我先动手的，说好的，今天的球赛三局两胜，谁输了请喝可乐。"小强解释道。果然，孩子是去打架了，妈妈气不打一处来，就直接骂道："跟你说过多少遍了，不要和别人打架，难道你长大了想当混混不成？"说完，她伸出手准备打小强，小强吓哭了。

这时，正在看报纸的爸爸从卧室走出来，他赶紧说："来，小强，到爸爸这儿来。"小强赶紧躲进卧室，爸爸对他说："别哭了，爸爸就觉得你没有错，不过一个男子汉要勇敢点，不要动不动就哭，来，笑一下。"听到爸爸这么说，小强笑了。

其实，这样的教育场景在生活中经常出现，在孩子眼里，父母好像很喜欢红黑配合，但到最后，教育孩子的效果似乎并不明显，孩子的错误并没有改正，因为他们不知道到底谁说的是对的。

因此，作为父母，在与孩子沟通的时候，必须要保持一致的态度，具体来说，我们需要注意以下几点教育方法：

1.沟通前先商量，保持意见一致

的确，在同一问题上的意见和看法，父母的意见可能是不同的，对此，父母一定要学会求同存异，在教育孩子前先沟通。如果做不到这一点，孩子就会左右为难，心中充满了矛盾，其心理上也会产生压力，不知道自己到底怎样做才对。

例如，生活中，有些父母就喜欢唱反调，就像故事中的小强的父母一样，妈妈教育孩子，爸爸却出来阻拦，并说："别听你妈妈的，他不懂"，以致孩子不知道到底听谁的好。同时，这样做还会导致夫妻因教育方法不同而吵架，甚至导致家庭矛盾加剧。因此，夫妻双方应尽可能在大问题上一致，并注意减少矛盾，给孩子一个统一的价值观。

2.征求孩子的意见

一切教育方法都应该在孩子能接受的基础上进行，因此，聪明的父母在教育孩子时，多半都会征求孩子的意见，比如，孩子犯了错，你可以让他自己选择惩罚的方式，这样也就避免了父母唱反调的情况。

3.不要当着孩子的面吵架

在实施教育的过程中，一些父母在出现矛盾时便提高音量，然后企图以吵架的方式解决问题。而这样做，只会降低父母在孩子心中的威信。

的确，同一个人不能同时选择两种不同的价值观，否则他的行为将陷于混乱。一个人的思想不能由两个以上的人来指挥，否则这个人将无所适从。手表定律告诉我们拥有两块以上手表的人不能更准确地判断时间，而对孩子的教育，也不能同时采用两种不同的方法，设置两个不同的目标，提出两个不同的要求，因为这会使孩子陷于混乱。

父母争执吵架，不要当着孩子的面

对于任何一个成长期的孩子来说，他们都希望有一个完整、和谐的家庭，父母相亲相爱，在这个的环境下成长，他们才会真正的快乐。因此，教育专家建议，夫妻之间，有矛盾和争执，也不要当着孩子的面吵架。

不得不说，听话的孩子都来自一个温馨和谐的家庭，在这样的家庭里，父母情绪稳定、相亲相爱，孩子健康快乐，而这需要我们父母不要当着孩子的面吵架。专家告诫父母，让孩子生活得有安全感是父母的责任，家长相互攻击、谩骂对孩子心理造成的负面影响将难以弥补。如果夫妻间确实有矛盾需要解决，父母必须要考虑孩子的心理感受，尽量控制情绪，不要随意发泄。我们来看下面的案例：

这天早上，和往常一样，安安来到了幼儿园，走进教室却没有和老师打招呼，就径直走到了自己的座位上，低着头，也不说话，只是玩弄着铅笔。看着安安反常的样子，老师走过来，问："安安，今天怎么也不说'老师早'了？"

安安抬起头，他两只眼睛红红的、肿肿的。老师笑着问："是不是早上不肯吃早饭，被妈妈骂了？"安安摇摇头。

老师又问道："那你眼睛怎么肿了？是不是早上哭过了。"安安点点头，老师又问他是什么原因，他就是不说。

老师拉着安安的手说："安安，不要怕，老师会帮助你的。"

安安迟疑了一会,说道:"早上爸爸、妈妈吵架了,吵得很凶,我吓死了。"说着说着,好像又要哭出来了。

这时,老师把安安搂在怀里,安慰他说:"没关系,爸爸、妈妈吵架,一会儿就好了,他们还是爱你的,不信你放学回到家里看看,爸爸、妈妈肯定已经和好了。"安安半信半疑地问:"是真的吗?"

从以上案例中,我们可以看到,父母当着孩子的面吵架,对孩子造成的伤害是多方面的,要么让孩子感到恐慌,要么会让孩子在耳濡目染中逐步形成火爆的性格,容易发脾气。

的确,孩子毕竟是孩子,不可能有着和成人一样强大的心理承受能力,如果他们经常处于父母激烈争吵的环境下,那么,孩子的智力和身体发育都会受到不良影响。而且,父母在孩子面前吵架,还会破坏父母的形象。一般来说,很多夫妻吵架时会数落对方的弱点和缺陷,且会利用对方的这些不足来教育孩子,以为会奏效,但其实,孩子要么被争吵的父母冷落,要么和父母一样情绪紧张,这对于孩子正常的情感发展会产生严重的阻碍,还会导致孩子模仿父母的不正常行为,使得他们在以后的家庭生活中受挫或社会适应不良。

有的家长还利用孩子来反对另一方,在孩子面前诉说另一方的缺点和不足,这种做法也是错误的。它等于把孩子也卷入了家长的战场之中。对于年幼的孩子来说,他们根本不能理解这是怎么回事,只能在心灵上留下深深的创伤。若真的无法避免吵架，请等孩子入睡后，或孩子不在的时候沟通、解决。

夫妻吵架后母亲的眼泪，也绝不要让孩子看到。父母其中一人的离去，以及父母间的恶言责骂，都会给孩子留下阴影。有时，父母也会像个孩子。因为一件小事，就在孩子面前忍不住吵了。而后呢？怎么让自己从愤怒的情绪里解脱出来？怎么和他和好？还有怎么和孩子说？夫妻吵架的问题往往事情不大，但谁都想说出自己的理，可当着孩子的面好多话又没法说出来，因为不知道会给孩子的心灵造成什么样的影响。

其实，吵架会不会给夫妻关系，给孩子带来影响，取决于父母吵架以后解决矛盾的方式。现代婚姻专家发现，夫妻吵架的直接原因往往是生活中的小事，既然如此，就没有必要一定要想办法避免吵架，因为从来不吵架的夫妻往往是害怕彼此意见不合。那么，吵架以后怎么解决矛盾，才会真正对夫妻和孩子没有影响呢？最好的办法是：夫妻吵架和好后，让孩子看不到争吵对父母的爱情有什么实质上的影响。

不过还好，解决问题的原则比吵架的原则更容易遵循和掌握，因为，人平静下来的时候，就更容易注意到自己在说什么，在做什么。

的确，父母吵架是在所难免的，但是要尽量减少吵架的次数，特别是不能在孩子面前吵架。这个时候的孩子，正是身心发展的重要时期，父母的吵架会给孩子幼小的心灵带来伤害，也会影响孩子的学习情况。所以，请每个做父母的，给孩子多一点关爱、多一点温暖,少一些无谓的争吵。

其实,再和谐的家庭,也难免有争执和矛盾,夫妻吵架是再正常不过的事。尽管这常被看作小事一桩或正常现象,但却忽视不得,因为它会给孩子的心灵留下难以弥补的创伤。如果孩子在场,最明智的方式莫过于心平气和地各抒己见,化干戈为玉帛,以理服人。因此,父母不要在孩子面前吵架,要互相谦让,让孩子有一种和谐安定的归属感。

协助老师的工作,让孩子在学校听老师的话

作为父母,我们知道,学习对于任何一个孩子来说,都是最重要的事。而师生关系如何直接关系到孩子在学校的学习情况,孩子不服老师的管教,是很多家长头疼的问题。

我们先来看看下面的案例:

陈先生是一位单亲爸爸。女儿现在已经十岁了。单亲家庭的孩子不好带,陈先生一直身兼母职,既工作又要带女儿,但他不怕苦,他最担心的是女儿丹丹的学习问题。

丹丹严重偏科,通常来说,丹丹在语文和英语这两门课上,都能考到高分甚至经常拿第一名,但数学却一窍不通。即使陈先生经常告诉丹丹:"学好数理化,走遍天下都不怕。"但丹丹对数学还是提不起兴趣。后来,陈先生通过了解才知

道,丹丹最讨厌班上的数学老师,而这件事,则因为半年前数学老师对女儿的一次"管教"。

那天,陈先生急急忙忙下班回家,就开始做饭。稍后,女儿回来了。一进门后,女儿就把书包重重地摔在桌子上,陈先生不解:"怎么了,这么大脾气?"

"没事,做你的饭吧,我不吃了。"说完,女儿又拿着书包回了房间。

晚上,无论陈先生怎么哄,女儿都不肯吃饭。

陈先生这才想起来,自打那次之后,女儿好像就不怎么做数学题、看数学书了。后来,陈先生找丹丹的数学老师沟通过,原来事情是这样的:上课的时候,玲玲觉得老师演算的一个公式不对,就站起来直接说:"你这个公式不对。"而老师反复求证,是对的,但丹丹就是不依不饶,最后老师让她坐下,她一气之下就收拾书包回家了。

很多孩子都与老师发生过不快,比如被老师误解,和老师在知识点上有分歧,而作为学生,首先要尊重老师,与老师真诚沟通,便能很快消除分歧。然而,似乎不少学生,尤其是年纪较大的学生,和案例中的丹丹一样,首先对老师表现出对抗,甚至大发脾气,这是对老师极不尊重的一种表现。

多数情况下,孩子不服老师的管教,多半是和孩子的逆反心理有关,尤其是在那些已经进入青春期或者学习难度较大的孩子身上,这种情况尤为明显。随着孩子的成长,他们在生理和心理上都处于正在形成的不稳定时期,这一期的孩子心理上渴望自由但又要面临紧张单调的学习,这种矛盾情况容易使孩子产生学习心理疲劳。对学习的兴趣降低甚至产生厌倦。而他们大部分的时间都和课堂有关,于是,他们很明显就会将逆反的矛头转向老师,于是,他们会出现上课注意力不集中、故意和老师作对等情况。

那么,作为父母,我们该如何辅助老师做好孩子的心理调整工作呢?

1.父母不要给予孩子过大的学习压力

作为父母,我们不要过分看重学习成绩,因为这对于孩子来说是一种无形的压力。很多孩子都有这样一种感受,当他们学习成绩下降,父母常常是老帐新账一起算,把孩子学习成绩下降归结到玩得太多、不认真,甚至骂孩子"蠢""笨"等,这只能导致孩子的对抗情绪。在课堂上,他们没有学习的动力,逆反心理会更加使他们不认真听讲。

2.与老师进行沟通,建议老师对孩子进行一些教育方法上的调整

老师面对犯错误的学生常常是持不接纳态度的,特别是对"屡教不改"的学生,更是从心理上排斥他,甚至动用罚站、写检查、叫家长等多种手段处罚他。然而,这种方法只会加剧孩子的逆反心理,甚至产生厌学情绪。因此,父母不仅不能接受教师的惩罚方法,更要建议老师寻找新的解决问题的方法,

要给予孩子更多的理解与支持，与其建立良好的沟通。

另外，在教学方法上，老师可以让孩子多进行一些自主性学习。课堂教学正发生着"静悄悄的革命"，不论是"自主学习""合作学习""探究学习"，还是"洋思经验"中的先学后教，当堂训练的课堂教学模式等，都在努力探索新的教学理念和方法，而这一切又都需要老师帮助学生在课堂学习中拥有一个愉快的心境。

3.找到孩子不喜欢学习的原因，对症下药

父母首先要和孩子自由沟通，以温和的态度和孩子探讨为什么不喜欢学习。父母了解他的问题所在，才可以帮他解决。对于因学习困难而对学习不感兴趣的孩子，家长要耐心地帮助孩子找到困难的原因，帮助他掌握科学的学习方法。

4.切实帮助孩子解决学习上的问题

很多父母关心孩子的学习情况，只是把眼光放在孩子的成绩上，而没有认识到孩子有时候也需要家长在学习上的辅导与帮助。有的孩子因为某一个问题没弄明白，一步没跟上，步步跟不上，渐渐失去了学习的信心和兴趣。

所以家长要真正关心孩子，就要注意他是否跟上了学习进度。有条件的家长每周都要和孩子一起总结一次，发现哪里出现了问题就要及时补上，有的时候，还要请专门的老师给以专题辅导。孩子在学习上的困难得以解决，学习兴趣必然能够得到提高。

而对于学习压力过大,已经明显表现出病态心理和行为的孩子,要积极求教于心理咨询和治疗机构,在专业人员的指导下对孩子予以科学的辅导,逐步帮助孩子,及时得到积极矫治。

总之,作为父母,我们不要认为孩子在学校,就可以放任自流,让老师管教。任何父母,都必须做孩子情感的依靠,如果你真的能做到理解孩子,让孩子产生情感认知,那么,你会发现,即使你什么事情都不特意做,孩子也会变得听话很多。

孩子不愿意上学如何解决

这天,一位母亲带着一名小女孩来到心理咨询室,这位母亲说孩子最近不想上学,在咨询师的引导下,孩子说出了心事:

"我是个挺在乎同学关系的人,我在这方面也很努力。但是,我感到同学们并不都是很喜欢我。可是,我们班上的另一个女孩却非常有人缘,她不当班干部同学们喜欢她,她当班干部同学们也喜欢她。您说,这是怎么回事?反正现在大家都冷落我,我不想去上学了。"

"我们先放一放你的问题,你能仔细想想那个同学们喜欢的女孩有哪些表现吗?想起什么说什么。"

女孩沉思片刻说道:"她喜欢帮助人。同学们谁有困难都愿意找她,只要是她能做的,她总是尽力帮助。她也常常主动帮助同学。她还总是微笑，她也不喜欢炫耀自己，她很少和同学闹矛盾，她还很善于说话。学习也很努力……"

"你能发现这些很好，你不必非要大家都喜欢你。世上哪有让所有的人都喜欢的人？你今天专门来讨论这个问题，说明你将会更好地进行人际交往，将会如那个女孩一样让大家喜欢。"

很明显，这位女孩之所以有"不想上学"的想法，是因为她在学校的人际关系不是很好，而这也是很多孩子产生厌学情绪的原因。我们的孩子从家庭来到学校，有了新的环境，都希望自己可以交到更多的朋友，可是在处理和同学之间关系的时候，他们因为人生阅历的不足，容易形成一些失误。

当然，除了这一原因外，孩子抗拒学习的原因还有很多，比如，孩子学习动机不明、学习压力大等。的确，随着社会竞争的日益激烈，每个孩子都必须要掌握知识。正是因为如此，不少孩子由天真无邪的童年开始进入背负压力的学生期，久而久之，他们似乎已经不再是为自己读书，而是为父母。除了每天紧张的学习外，他们还要面临残酷的学习竞争，一场场考试、一次次排名、一场场的考试，把他们压得喘不过起来，久而久之，他们开始产生厌学的情绪。其实，缓解孩子的学习压力是个社会性问题，需要全社会的共同努力，但是做家长的负有最直接的责任。为了孩子的健康成长，每一个家长都要格外尽心和努力。

父母应该帮助孩子树立正确的学习动机。学习动机是孩子学习的根本动力,只有随着年龄的增长,孩子不断地明确认识到学习目的中社会性意义的内容,他们的学习才会有持久的动力。

一些家长爱用"将来没饭吃""不读书一辈子干苦力"等话数落孩子,既没有给孩子讲道理,又没有直接激发孩子的具体实例,往往不起任何作用。

其实,兴趣才是最好的老师,孩子的学习也是如此,只有让孩子真的爱上学习,他们才能化压力为动力。因此家长要注意经常鼓励孩子,想方设法激发他的兴趣,并潜移默化地向他灌输社会性理想,帮助他将目光投向社会、世界和未来。

比如,有个孩子原来对课本学习不感兴趣,上课随便讲话,做小动作。班主任老师在一次家访中,发现了他爱饲养小动物。于是老师有意让他参加生物兴趣小组,并委托他饲养生物实验室的金鱼。由于他的兴趣得到合理引导,他不仅在课外活动中主动积极,而且生物课学习也表现得十分认真。

可见,孩子一旦对学习产生了兴趣,便会积极主动地投入,消除怠惰。

曲径通幽,与孩子的好朋友保持沟通

可能很多家长都发现了,随着孩子越来越大,他们和父母的关系越来越远。有些孩子也开始不听话了,他们避免交谈,下学后回到家，就一头扎在自己的屋子里，甚至宁愿把那些心事告诉朋友，也不愿意与父母交流。对此，很多父母不解，并感到不知所措。

其实，出现这些现象是有原因的。我们都知道青春期的孩子会开始疏远父母，但对于父母的对抗在任何一个年龄段的孩子身上都有。比如在孩子还很小的时候，你让他吃饭，他会跑开；你让他睡觉，他非要吃饭等。当孩子再大一点时，他们进入学校，接触同学、老师和朋友，也自然有了成长的烦恼；来自学习的压力、家长的期望，都会给这个并不成熟的孩子带来压力。于是，他们需要发泄，需要向他人倾诉。但是他们不好意思向家长诉说这些事情，而且，就算他们愿意向家长诉说，大部分家长也都不能以正确的态度对待孩子的这些问题。听到孩子这些"心事"，他们要么会训斥孩子"不务正业"，要么会嘲笑孩子，总之会使孩子很尴尬。所以，这些孩子宁愿把"心事"讲给陌生人听，也不愿意告诉家长。

亲子之间缺乏沟通或者沟通渠道闭塞，是很多家庭教育出现问题的重要原因，对于这一情况，我们可以曲径通幽，先和孩子的知心朋友保持沟通，进而了解孩子心理，了解我们的孩子。

小平与丹丹是很好的朋友，从小一起长大，上小学后又在同一班。但小平与丹丹的性格不大一样，小平性格内向，不怎么喜欢交际，但什么都跟丹丹说。上了小学以后，小平与丹丹走得更近了。

最近一段时间，小平妈妈发现小平变得很奇怪，除了吃饭时间，她几乎不出自己的房间门。不仅如此，她对妈妈的态度十分冷淡，有时候，妈妈跟她说上半天话，她才会勉强答一句。

周末，丹丹来找小平玩，趁着女儿下楼买水果的空子，小平妈妈悄悄问丹丹："丹丹，小平这几天这是怎么了？对我好像有很大意见呀。你们是好朋友，她一定告诉你了。"

"阿姨，小平是告诉我了，可是我不知道该不该告诉你。"丹丹有点难为情地说。

"只有你告诉我了，我才知道问题出在哪里，才能使小平摆脱烦恼呀。你愿意帮助你的好朋友吗？"

"是这样的，阿姨，我们已经都长大了，也有自己的隐私了，也懂得自理了，尤其是内衣和袜子，她希望自己可以洗，她曾暗示过你好多次，但你好像都没有明白她的意思。"

小平妈妈这才恍然大悟，怪不得上次还发现女儿把内衣放在被子里，原来是要自己洗。这下，她知道如何调节与女儿之间的矛盾了。

这种情况可能很多家长都遇到过，聪明的家长，当自己和孩子无法沟通时，会懂得从孩子身边的朋友"下手"，找到和孩子之间的症结所在，事例中的小平妈妈就是个聪明的家长，当她发现女儿有心事而拒绝与自己沟通时，她选择了向女儿的好朋友丹丹求助，这不失为一个沟通的良方。

国外儿童心理学家通过一项研究也发现：12岁以前的孩

子，也有不少不愿意与父母沟通想法，而在这一过渡期内，父母如果没有及时地与孩子沟通，在青春期后，父母与孩子的心理距离就会更大。不过，对于不愿意沟通的孩子，我们可以与孩子的好朋友保持沟通，这也是一个家长可以掌握的儿童心理变化的巧妙方法。

同龄的孩子之间往往有更多的语言，他们面临的是同样的学习环境，成长中共同的烦恼，因而他们都愿意与朋友或者同学倾诉自己的心事，因为他们会得到理解。因而，孩子们一般都会很注重友谊，不愿意把朋友托付给自己的秘密透露给他人，可见，父母要想和孩子的朋友沟通、了解孩子的内心，是需要下一番"功夫"的，对此，家长可以这样做：

1.向孩子的好朋友表达你善意的动机

和事例中的小平妈妈一样，当丹丹不肯"出卖"朋友告诉自己小平的秘密时，她以一句"只有你告诉我了，我才知道问题出在哪里，才能使小平摆脱烦恼呀，你愿意帮助你的好朋友吗？"这样的理由打动了丹丹，因为她也希望可以帮助丹丹。孩子都是单纯的，当他了解你善意的动机后，一般都会愿意与你"合作"，为自己的朋友解决问题。

2.尊重孩子的隐私，有些秘密不可窥探

我们提倡家长与孩子的好朋友保持沟通，并不是要家长去窥视孩子的秘密。儿童拥有秘密是很正常的事情，家长即使知道了这一秘密，也不可指出来，这样，孩子会体会到你对他的尊重。有时候，他可能会愿意主动谈及自己的某些秘密，而不需要你通过他的朋友了解。

3. "秘密"沟通，绕开孩子，了解他的心理变化

和孩子的朋友保持沟通，并不是监视孩子，而是了解孩子的心理变化，以便及时对孩子进行引导。对此，父母最好不要让孩子知道，因为孩子并不能理解父母的良苦用心，甚至会被激怒，他和朋友之间的友谊也会产生危机。此时，你的好心可能就办了坏事。

其实，他们的秘密之所以不愿意让家长知道，是因为家长总是用高高在上的姿态去教育他们。但如果我们换一种姿态做家长，不是高高在上的指导者，而是地位平等的朋友，也许孩子就会把自己的小秘密告诉家长。所以，家长与孩子好朋友保持沟通的目的，是增加了解孩子心理变化的渠道，为做孩子的知心朋友打下基础。只有这样，孩子才会愿意接纳我们的意见，才会成为听话的孩子。

第11章

面对特殊问题，父母如何让孩子听你的话

在我们的生活中，孩子成长中难免出现一些问题，如撒谎、偷窃……说到底，这都是孩子在成长过程中出现的一些心理偏差导致的，父母要通过孩子表面的行为去分析其背后的心理，要了解孩子成长的特点和心理特征，然后对症下药，找到沟通的方法。只有这样，才能从根本上疏导孩子在成长中遇到的问题，让孩子接纳我们的指引，进而让孩子健康地成长！

如何沟通，才能让孩子戒掉网瘾

陈先生的儿子小凯最近在网上发现了一个很好玩的游戏，孩子毕竟是孩子，对什么产生兴趣之后，就一门心思扑在上面，吃饭的时候，爸妈叫了他几次他都没反应。

晚上吃完饭，陈先生把儿子叫到身边。

"儿子啊，你这个年纪，的确爱玩，这当然没错，但是你发现没，你最近玩游戏已经有点影响学习了。"

"是吗？"

"是啊，你看，你以前十点之前就能上床睡觉，可是现在要熬到十二点才能完成作业，上次测验成绩也是大幅度下滑啊！"

"是啊，这倒是。可是，这个游戏是新出来的，很多人都在玩，我也想玩啊。"

"要不，你看这样好不，以后每天晚上你回来，饭前的时间电脑归你玩，你可以玩游戏，饭后，我就把笔记本搬到我的卧室，我们父子俩分开玩，还可以交流游戏心得，这就不耽误你的学习了，你说好不？另外，我觉得以后上网呢，还是尽量多以学习为主，你说是不？"

"爸爸，你真是太厉害了，好，我答应你，另外，这次期中考试你就看好吧，我一定拿个好成绩给您看看！"

这里，相信很多父母都佩服陈先生的教育方法，面对迷上网络游戏的儿子,他并没有强行制止儿子上网,而是在沟通中和儿子达成一致的意见,帮助儿子克制自己的网瘾。

现代社会,互联网已经盛行,互联网在给人们的生活带来方便的同时,也给人们带来一定的毒害,尤其是对于孩子来说。事实上,现在的孩子,学会上网的年纪越来越小。上网聊天、玩游戏似乎已经成了每日必做的功课,孩子上网无可厚非,但沉迷网络肯定不是什么好事。大部分家长对孩子上网都持否定的态度。其中担心影响学习、结交不良朋友、接触不良信息成为了家长们反对孩子上网的主要原因。

孩子上网影响学习成绩,是家长们普遍担忧的现象。孩子长时间上网,会导致作业无法按时完成,上课质量下降,他们甚至会过于依赖网络,利用上网来搜索作业答案,造成独立思考能力下降。未成年学生自制能力差,一旦迷上了上网,便会长时间"寄居"在网上,将大量的时间和精力都投入到网络世界。对此,很多家长头痛不已。看到网瘾对孩子的种种毒害,我们不能不考虑:孩子沉迷于网络的原因是什么,我们应该怎么帮助他们?

我们发现,沉迷网络,对于这些贪玩的孩子来说,其实只是一个表现,网络仅是一个载体,问题的本质在于家庭是否在孩子的成长中注入了正确的成长因子。如果家长的教育出了问题,网络也好,游戏机也好,甚至体育运动、唱歌都有可能让孩子沉迷进去。事实上,造成孩子沉迷网络的主要原因是家庭生活的空虚，这会让孩子试图寻找其他方式来填补自己的精神世界，而沉迷网络就成了他们的首选。

家长可以从以下几个方面帮助孩子解开网络的束缚：

1.掌握网络知识，不做网盲

家长如果对网络知识一窍不通，那么，就会把网络当成洪水猛兽，更别说正确引导孩子上网了。在学习一定的网络知识后，我们应该注意发现孩子上网中碰到的问题，在上网过程中及时与其交流，一起制订有利的措施。同时家长还可以在电脑上设置防火墙，防止孩子受到不良文化和信息的影响。

2.和孩子一起上网

网络带给孩子的副作用是很多父母担心的，但网络的作用我们也不能否定，尤其是在信息技术日益发达的今天，善于运用互联网，是孩子需要的一种有效的学习方式。

因此，只要我们合理引导，网络并不是洪水猛兽。父母和孩子一起上网，不仅能起到监督的作用，还能共同探讨网络中的很多问题，可谓一举两得。

3.定规矩，合理上网

在家庭中制定上网规矩时，父母一定要心平气和，且要考虑孩子的意见，如只能进入指定的几个网站；别人推荐的网站须经过家长同意才能进入；要保护自己和家庭的信息安全，不能在网上留下家里的电话；上网时间不应超过两小时等。

4.孩子有网瘾时,应多加监督和管理,逐步帮助孩子戒除

对于孩子的网瘾,父母可以巧妙运用递减法。比如,从原来每天上网6小时改为5小时,再改为4小时,逐步减到每天一两小时,慢慢恢复到正常状态。不能急于求成,妄想一刀下去斩草除根,循序渐进才能收到成效。

5.引导孩子学会利用网络来为生活服务

网络为生活带来的便捷早已毋庸置疑,我们要教会孩子利用网络信息的庞大和快捷,为生活带来方便。比如,当全家要出外旅游时,你可以将查路线、订酒店等任务交给孩子;当你需要某种书籍时,也可以让孩子在网上为你购买,让孩子体会到成就感的同时,还能开阔孩子的视野,培养孩子的生活自理能力。

其实,上网就像孩子上街一样,刚开始,你可以带着孩子,让其注意安全,遵守交通规则。等待他熟悉了基本的路径后,家长就可以松开手,看着孩子操作。只有在孩子形成了良好的上网习惯后,家长才可以轻松地站在孩子的背后!

孩子说谎,如何沟通才能杜绝

中国人自古以来讲究"诚信",也就是对己、对人都要忠诚。诚信作为中华民族几千年积淀下来的传统美德,历来为人

们所崇尚。而通常我们认为影响孩子诚信品质发展的因素主要有家庭、学校和社会三个方面。其中影响最大，持续时间最长的当属家庭教育。试想，一个嘴里不说真话的人，又有何诚信可言呢？可见，如何改变孩子撒谎的习惯、使之成为一个诚实的人，教育孩子做诚实的人，是值得家长们学习的一个重要沟通技巧。

小浩在一个家教严谨的家庭长大，父母和爷爷奶奶经常告诉小浩做人要诚信，并且，小浩一直是个乖巧的孩子，可是，最近他居然挨了爸爸的一次打，这是怎么一回事呢？

那天下午，他的父母在观看画展时，巧遇小浩的班主任江老师，和他谈起小浩的学习，自然涉及刚刚考过的期中考试。江老师说："小浩这次成绩不太理想，只考了第九名。"他爸爸说："听小浩说，好像是第三名，从成绩上推算也应是第三名。"江老师肯定地说是第九名。

看完画展回家，他们问小浩这是怎么回事，小浩觉得纸包不住火，便把实情告诉了他父母。

原来，在上个学期小浩成绩是班内第一。入四年级后由于学习松懈，参加活动过多，成绩有些下滑，期中考试仅名列班内第九。可能是由于虚荣心太强，或者怕爸爸、妈妈责怪，小浩涂改了物理、地理、生物三科成绩，使总分列班内第三。小浩的爸爸由于当时心情激动，狠狠打了小浩，对他说："不管考第几名，爸爸、妈妈都不会责怪你，关键是你不诚实，用假成绩哄骗家长，实际上也是自欺欺人，这样的孩子将来怎么能有所成就？"

可能涂改成绩对于一个孩子来说并不算什么大事，但对于成长期的孩子来说，却涉及他们人格塑造得是否完善的问题。

那么，作为父母，我们如何与孩子沟通，从而杜绝孩子说谎呢？

1.父母要以身作则，不要撒谎

有这样一个笑话：一位爸爸教育孩子："孩子，千万别撒谎，撒谎最可耻。""好的，爸爸。我一定听您的。""哎哟，有人敲门，快说爸爸不在家。"试想，这样教育孩子，孩子能诚实吗？

美国著名心理学家大卫艾尔金德认为：要想让孩子有教养、守道德，父母首先必须是一个品德高尚的人。作为父母，不要以为在孩子面前说的是一套，自己做的又是另外一套，而没有被孩子识破，孩子就会表现出诚信的行为。孩子的眼睛是雪亮的，他们往往会以实际为取舍。因此，我们家长应时刻检点自己的言行，从日常生活中点点滴滴的小事做起，不要撒谎。只有这样，对孩子的诚信教育才会有实效。

2.父母要及时地肯定和鼓励孩子诚信的表现

孩子虽然在成长，但毕竟还小，思想和品德都未定型，我们应该抓紧实施诚信教育，时时事事处处都不放过，让他们从小获得一张人生的通行证——诚信。

人人都渴望被肯定，孩子也是这样。为了满足这种需要，他们在与他人交往的时候，一般都会勇于表现自我，善于表现自我，成人们在这方面应该创造条件，给予他们积极的诱导。当孩子有了诚信表现之后，父母应该及时给予肯定，强化诚信的行为，不断加深诚信在孩子头脑的印象。日久天长，诚信习惯自然而然就会形成。

3.掌握批评的艺术，父母应及时在沟通中纠正孩子不诚实的行为

孩子说谎，家长往往非常生气："小小年纪，怎么学会了说谎？长大成人后岂不成了骗子！"家长为孩子的不诚实担心是有道理的，但在批评孩子的时候，要讲究方法，这才能够行之有效。家长在批评孩子时不应损伤孩子的自尊心，首先要弄清楚孩子不讲诚信的深层次原因，千万不可盲目地批评。在此基础上，家长还要及时对他进行单独的教育，以便抑制不诚信行为的继续发生。其次，家长不应用粗暴的方式来对待孩子，这无异于把他们推向不诚信的深渊，要用道理让孩子心服口服，否则他们下次只会编出更大的谎言来骗你。

另外，在平时的生活中，我们还要和孩子建立真诚和相互信任的关系。要知道，你要求孩子说话算数，你对孩子首先要说话算数。如果确实无法实现对孩子的承诺，一定要向孩子解释原因。这样在孩子心里才能对诚信的重要性有一个深刻的印象和理解，他们也才会信任家长，有什么事、有什么想法都愿意告诉家长。

如何在沟通中纠正孩子说脏话的习惯

也许，在孩子还小的时候，无论是老师还是父母都嘱咐孩子要文明礼貌，不能讲脏话，但是随着孩子年纪的增长，逐渐忽视了孩子在这一方面的教育，转而把眼光都放在了孩子的学习上。而事实上，孩子是需要全面发展的，这也是素质教育的宗旨。要知道，一个满嘴脏话的人，无论是生活、工作还是学习，是无法获得他人的尊重和友好协作的，也不易获得友谊和自信，因此往往缺乏幸福感。要想使孩子成长为有所作为的人，父母就应教孩子从小懂礼貌、讲文明。

这天，正是午休时间，小宇趴在桌子上午睡，在外面跑得满头大汗的小凯跑进来，走到过道的时候，他碰到了小宇，把小宇吵醒了。小宇气不打一处来，骂了一句："你有病吧？"

小凯斜睨了小宇一眼，怪声怪气地说："好狗不挡道。"

小宇瞪大眼睛，气愤地回应："你！没长眼啊？"

小凯嗓门也很高："你才没长眼呢！"

小宇更是扯着嗓子喊："你眼瞎了啊！"

小凯向前一步嚷："你才瞎了呢！"

两个人脸红脖子粗，谁也不肯道歉，最终动起手来，小凯冲动地把小宇打伤了。看着受伤的小宇，小凯后悔不已，吓得不知道该怎么办才好。老师还把他的父母请到学校来了。小凯的爸爸妈妈很通情达理，并没有指责儿子，看着委屈的儿子，他们反倒安慰起来。

"爸妈,我该怎么办呢?帮帮我吧!"

妈妈问小凯:"孩子,你真的知道自己错了吗?以后再发生这样的事情你知道该怎么做吗?"小凯忙不迭地点头。

"那你跟妈妈说说你该怎么做?"妈妈问小凯。

"要注意礼貌,撞到别人,要说'对不起',而不是出口成脏。"小凯对妈妈说,妈妈听完,高兴地点点头。

小凯和小宇之间发生矛盾并且最终大打出手,主要就是因为几句脏话,可见,是否文明礼貌直接关系到孩子的人际关系。

如果你的孩子总是说脏话,那么,你需要从以下几个方面来引导他,并订立规矩:

1.为孩子阐述其所说脏话的含义,让孩子认识到说脏话是有失礼貌的行为

父母在听到自己的孩子说脏话时,不要显得惊慌失措,也不要气急败坏地责骂,更不能置之不理,要冷静,蹲下来,严肃而不凶悍,以和缓的语气和孩子说话。例如:

"孩子,你刚才说的那句话,用的词汇很不好,你知道我说的是哪个词汇吗?"

"这是大人说的,你是孩子,不能说这个词语,知道吗?"

"为什么不能说呢?因为你是孩子,你说了,别人会说你不懂说话,说你学习不好,看不起你!"

"你愿意让别人看不起吗?"

"那么,你应该怎么说?说给妈妈听。"

"对啦!这样说才是好孩子。"

家长最难做到的就是"不生气"。你生气,孩子就听不进你说的话了。而另外一些家长则喜欢和孩子说大道理,让孩子不耐烦,反而失去教育的功效。

2.以身作则,父母要养成文明礼貌的语言习惯

生活中大多数情况是这样的,大人有时也会语出不雅,但都习以为常,不会觉得有什么异常。而脏话从孩子嘴里说出来,就特别刺耳,要是他们在大庭广众冒出些脏话,父母更是想找个地洞钻下去。其实,家长也应该拒绝脏话,这样,在家里建立互相监督的制度,如果父母不小心在孩子面前说了不文明的词句时,一定要向孩子承认错误,以加深他不能说脏话的印象。

3.教会孩子一些初步的礼仪知识

家长应该从小教导孩子学习一些礼仪知识,这也是文明行为,包括见面或分手时打招呼、握手,与人交谈时眼神、体态和表情要体现出对对方的尊重。久而久之,孩子就会认识到说脏话是一种不礼貌的行为,就会努力改正。

4.孩子说脏话,千万别强化

其实,孩子说脏话,很多时候并不了解脏话的负面含义,他们多半是出于模仿、好玩的心理,是为了显示他的某种本事。碰到这种情况,您千万别笑,更不要流露出惊奇的神色,有时严厉的训斥也是无济于事的,因为这些反而会强化他的行

为。其实孩子并不一定知道脏话的含义，主要是为了得到父母对他的反应或注意。孩子从小伙伴那儿学了几句骂人的话，在家和学校中一边说，一边开心地大笑，这时，我们心里挺恼火，但也要强忍着不显示出任何兴趣。我想只有这样，他才会觉得索然无味。

久而久之，那些不好听的字眼或脏话就会逐渐被忘掉而消失。当然，也可以寻找比较恰当的时机，告诉孩子，说脏话很难听，只有坏人和不学好的人才讲脏话。在日常生活中，孩子有时能用自己的语言来赞赏或描述他喜欢的人和事，这时，我们一定要及时鼓励表扬，让他感觉到美的语言是令人愉快的。

5.用积极的情绪感化孩子

许多父母常常会在工作繁忙时忽略了孩子，没有和孩子定时互动，这样，孩子以为父母亲不爱他，便会故意说脏话来引起注意，所以，要防止孩子养成说脏话的习惯，最有效的办法就是：每天至少给孩子半小时。利用这半小时，父母可以和孩子说说笑话、玩玩小游戏、一同读故事书，或者谈谈天。总之，做什么都好，让孩子感受到亲子相处的愉快，就不会染上说脏话的坏习惯了。

总之，满嘴脏话是一种不良的行为习惯，是不尊重他人的表现，孩子不懂得尊重他人，在人际交往之中就会产生许多摩擦，也会失去许多朋友和机会，父母在关心孩子成绩的同时，绝不可忽视这一点。

发现孩子有偷窃行为如何沟通引导

刘先生家境不错，儿子刘明的零花钱也一直不缺。但最近这一年，他发现孩子有偷窃行为。第一次是发现儿子偷拿自己杂志夹层里的零钱，他当时没在意，认为孩子可能零花钱不够，又每个星期加了一点。但孩子的胆子似乎更大了，有次妻子说自己钱包里的钱少了一张一百元的，他才意识到不对劲。但他怎么也没想到，孩子的偷窃行为居然严重到被扭送到了警察局。

这天，刘先生正在上班，却接到警察局的电话，原来是刘明在逛超市时，因控制不住自己，从货架上偷拿了一些并不贵重的物品，他刚准备把它们放在不易被发现的地方带回家，就被超市老板抓住了。

回家后，刘明向爸爸坦诚了自己一步步开始偷窃的过程：

一次，刘明到好朋友小伟家去玩，发现小伟家有一台摄像机，刘明想知道这台摄像机是怎么拍摄的，就向小伟请求借来玩玩，没想到小伟很小气，不答应。刘明很生气，就想故意偷走这台摄像机，好让小伟着着急。果然，找不到摄像机的小伟像热锅上的蚂蚁，刘明这下子得意了。

从那次之后，刘明就产生了一种很奇怪的心理，他觉得偷别人的东西，能获得一种快感，班上很多同学的文具都被他偷过。

像刘明这样的孩子并不多，但却很有代表性。实际上，一些孩子偷别人的东西，并非出于金钱相关的目的，有时纯粹是为了给别人造成困难而获得快感。有的孩子盗窃经济价值不大的物品，有的只是把窃得的东西扔掉、损毁或随便送人，这些行为让很多父母很是头疼。但久而久之，孩子偷上瘾后，很容易坠入违法犯罪的深渊。

心理学家对那些有过偷盗行为的孩子进行了调查，他们发现，这些孩子大多都有一些共同的经历：学习压力大、和父母、老师关系处不好、没有可以交心的朋友、喜欢上了一个异性却被拒绝，这些都让他们产生了想偷东西的念头。

其实，每个孩子都想成为同龄人中的佼佼者，成为爸妈、老师的骄傲，可事实上，不是每一个孩子都能做到，于是，他们感到自己被人忽视了，干脆沉沦堕落；也有一些孩子，成绩优秀，但每一次优秀成绩都是经历了心灵的煎熬才取得的，正因为他们倍受瞩目，所以他们很累，于是，想放纵的想法就在心里蠢蠢欲动，他们更羡慕那些不用考试、不用面对老师和家长严肃面孔的孩子，很快，他们尝试着抛开一切，放松学习，放纵自己。

孩子在进入学校学习后，都是聪慧的，但是他们也处于身心发展时期，他们的心理发展和生理发育往往不同步，具有半成熟、半幼稚、叛逆等特点。因而，在他们心理素质发展的关键阶段，父母应当给予重视，对不良行为的孩子既不能生硬批评，引发他们的叛逆情绪，也不能任其发展，让他们走入歧途。如果你的孩子有偷盗行为，在教育的过程中，你需要注意：

1.细心观察,防患于未然

日常生活中,我们一定要随时观察孩子的思想动向,如果孩子的零花钱突然多了,我们一定要重视,因为这意味着你的孩子可能偷东西了。然后,我们要仔细排查可能出现的情况,不管运用什么方法,其目的只有一个:动之以情,使他自己露出破绽,承认错误,但不能伤害他们的自尊心。如果事态的发展允许,父母答应了对他们的错误行为进行保密,那么,一定要坚守诺言。否则就失去了再一次教育他们的机会,他们也不再会相信你。

2.发现孩子偷了东西,不能训斥或者打骂

孩子偷了东西,并不代表孩子就是真的"坏孩子",更不能给孩子贴标签,但也绝不能放任不管。

为此,如果你确定孩子真的偷了东西,那么,首先要帮助孩子将事情的影响化到最小。有的家长认为只有"打"才是矫正"偷窃"行为的最好对策,其实错了,打得厉害、疏远了父母与孩子之间的感情,他会感到更孤独,得不到家庭的温暖,甚至不敢回家,流浪在外,与社会上的浪子交往,被他们所利用,最后走入歧途,甚至会触犯法律,受到制裁。

3.在沟通中向孩子传达是非观点,让孩子知道偷东西可耻

也许你从前已经教育孩子要分辨是非,但孩子毕竟是孩子,他们极其容易受到影响而改变,因此,作为父母,我们一定要经常对孩子进行一些是非观念的培养,要让孩子知道偷东

西是可耻的，也不容许同样的事再次发生。对这类孩子进行矫治，必须先从帮助他们形成正确的是非观念，增强是非感开始。

总之，如果你发现你的孩子偷了东西，切不可急躁，既要批评，又要耐心说服，使孩子受到教育，感到内疚，才会自觉改正！

第12章

告别沟通误区，让孩子听话要避免这几点

我们都知道，每个父母都"望子成龙""望女成凤"，都紧张孩子的成长。我们也深知沟通对于孩子教育的重要性，但难免"关心则乱"，陷入一些误区中，尤其是当亲子沟通、孩子的教育出现问题时，更是容易乱了方寸。对此，我们一定要调整心态，放下架子，同时多倾听孩子的心声，多关心孩子，让孩子感受到父母的爱，才能引领孩子听话，让孩子健康成长。

关心孩子，不要一回家就问孩子的学习

在日常的家庭教育中，学习自然是不可避免的一个话题，父母都希望孩子能好好学习，能取得好名次和好成绩，爱学习的孩子也才能在将来具有强有力的竞争力。但孩子的成长，绝不只是学习，我们在家庭沟通中，也不可只谈学习。家是让孩子放松的地方，孩子进行了一天的学习，已经精疲力竭，不要一回家就问孩子学习如何，而应该真正关心孩子，这样，孩子才不会有抵触心理，自然愿意和我们沟通。

有这样一位爸爸谈到自己对女儿的教育：

"女儿刚上小学，一年级第一学期期中考试，考了个双百，全家人很开心，女儿更是兴奋不已。第一学期期末考试又是双百，自然又是一番庆祝。但是，我感觉这样下去，不一定是好事，不过当时也没有太在意这些。一年级下学期，平时测验试卷拿回家的时候，只要是满分，女儿总是神采飞扬的和我们谈论，只要不是满分，女儿就像犯了很大错误似的，头低得很，甚至不敢和我们交流。我逐渐意识到这里的问题了。我告诉女儿，不要在意这些分数，无论是平时的测验，还是期中期末的考试，只是对你这一段时间的学习进行检查，看看哪些知识真正地掌握了，哪些知识还没有吃透，然后再将没有吃透的部分进行复习，争取掌握就行了。考满分固然欢喜，考两个零

分回来，我们也不会批评你的。不要有太多的想法和压力了，快乐学习最重要。即使是零分，我们只需要知道为什么了，然后去总结，继续进步，就行了，你还是最棒的。进行了一系列的开导，女儿终于学会轻松地去学习，轻松地去考试了。"

这位家长的做法是正确的，只有不过分带有功利性地去学习，孩子才能轻松地学习，他的潜能也才能得到发挥。

可见，我们与孩子沟通，不要过分看重分数，不让孩子有过多的压力，如果总是那样，总有一天孩子会被压垮的。不要让分数成为孩子的枷锁，让孩子快乐的学习和成长，才是做父母应该做的！

根据这一点，我们在日常与孩子的交流和谈话过程中，要注意几点：

1.沟通不要只围绕孩子的成绩和名次

当我们把沉重的分数、名次强加在孩子身上时，我们实际上是剥夺了他对丰富多彩的生命的体验，剥夺了他的人生选择权，剥夺了他的快乐和健康，我们这是在爱他还是在害他？

好学成性的孩子、终身学习的孩子会越学越有学习的劲头；为考试、为名次学习的孩子，学到一定时候就会厌倦学习、痛恨学习。这是教育成功与否的分水岭。只要孩子肯钻研、爱学习，不管成绩怎样，都是值得赞赏的。相反，孩子一心就想得高分、获好名次，那才是值得警惕的。

2.少提分数，多说孩子的学习效果

父母在与孩子沟通、督促孩子学习的时候，不要只提孩子的考试分数，更应该关注孩子实际的学习效果。父母不能仅以分数作为评价孩子学业水平的唯一标准，要以一种平和的心态对待孩子的考试分数。孩子考好了，不妨进行精神鼓励；如果孩子考试成绩不理想，要帮助孩子认真分析，找出失误的原因，并鼓励孩子继续努力，这样孩子才会情绪稳定，自信心增强，身心各方面才会健康发展。

3.孩子没考好，不要认为孩子就是不努力

孩子在学习能力和方法以及智力上都是有差异的，其实，很多孩子明白学习的重要性和竞争的压力。但每个孩子由于智力的因素和非智力的因素，学习成绩总会有差异。父母要做的是认真了解情况，听听孩子的解释，不能武断地得出孩子学习不努力、不用功的结论。要以尊重平等的态度和孩子一起分析、解决学习中遇到的问题，帮助孩子掌握适合的、有效的学习方法，制订适当的目标。

4.孩子考试失利或者成绩下滑时给予宽容和鼓励

父母永远是孩子受伤时停靠的心灵港湾。孩子考试失利时，他已经非常难过了。这时候，父母更不要刺激孩子，而要拿出自己的宽容和安慰，一定不要在孩子的伤口上再撒上一把盐。同时也要不忘对孩子说"下次努力"，使孩子把目光转向下一次机会。

5.引导孩子全面发展

一个只专注于某一方面特长或者某一爱好的孩子，在此方面投入的精力更多，期望也就越多，但"人外有人，山外有山"，即使他们这次成功了，也并不一定代表他们永远成功。而如果我们能培养孩子多方面的能力、兴趣、爱好等，那么，孩子在拓宽视野的同时，也会学习到各种抗挫折的能力、知识、经验等，具有较完善的人格，这对于提高孩子的自理能力、交往能力、学习能力和应变能力都有很大的帮助，也为他们独自战胜困难提供了勇气和方法。

总之，作为家长，在亲子沟通中，我们要引导孩子明白，积极参与竞争是对的，但是不应该把"第一"当成竞争的唯一目的，而更应该在参与过程中培养良好的品质，如遇事冷静、沉着、性格开朗等。这些个性品质比"第一"重要得多。

家庭沟通，父亲绝不能缺席

爸爸们常常忽略对子女的关注和教育。很多父亲认为，教育孩子是母亲的事，自己可以退居事外，不用过多地参与到孩子的成长过程中来。有这种想法的父亲就大错特错了。我们都知道，孩子虽然还只是孩子，但他们都很敏感，会用心感受自己和父亲之间的关系。孩子从父亲那里得到爱的多少，直接决定了他的心灵成长。同时，父亲给孩子的影响也是巨大的，他们在自觉不自觉中影响着孩子以后的择偶标准，影响着孩子的性格，影响着孩子的气质……因此，父亲在孩子的成长中占据着重要作用，作为父母，一定要谨慎对待。在家庭沟通中，教育孩子是父母两个人的事，父亲绝对不能缺席，给孩子足够的爱，孩子才会少一些叛逆，才会更听话。

那么，父亲如何教育孩子呢？父亲可以从以下几个方面入手：

1.帮助孩子形成积极的性格

生活中，我们能发现，母亲给予孩子的是无条件的爱，表达的机会也更多，但是爸爸则不同，他只有在孩子取得成绩的时候才把爱作为一种奖励给他。

然而，孩子都是细腻的，尤其是一些不听话的孩子，爸爸的这种不善于表达会被儿女看作是爸爸不爱自己，在这种心理的影响下，孩子会变得自卑、悲观，甚至对生活中的一切都不感兴趣。相反，如果孩子有一位关注他、并善于表达自己情感的父亲，那孩子在父亲的关注和鼓励下，就会变得自信、乐观、做任何事情都充满积极向上的动力。

2.教会孩子如何与人相处

曾经在一个家庭里，女儿在很小的时候就和爸爸讨论《孙子兵法》，她的妈妈感叹：女儿长大后，带回家的也应该是和她爸爸一样对文史感兴趣的小伙子吧。果不其然，这个孩子长大后的交友圈子果然都是对历史和古代文化有浓厚兴趣的人，而更加不可思议的是，当孩子20岁的时候，带回家的果然是一个文学青年。

调查表明，5名女性中有2个和异性交往的能力会显示出与父亲有关。如果说母子（母女）的亲密关系带给孩子满足的体验和情感的支持，那么父亲与孩子的关系，则使孩子初步懂得了怎样与异性相处，以及如何维持与异性间的关系。

3.我们的孩子尤其是女儿的择偶标准与父亲关系密切

对于一些已经进入青春期的孩子来说，他们更开始关注异性，尤其是女孩子，他们涉世未深，需要父亲的教导，才能对男性有个全面的认识和了解。父亲是女儿遇到的第一位男性，因为处于这个重要的位置，父亲能为女儿树立起一种男性的标准，而这个标准比从其他任何人那儿得来的都具有权威性。孩子常常希望别的男孩像父亲对待自己那样来对待她。在父亲和女儿相处的过程中，父亲要使女儿懂得男人的深沉和广博，荣誉与正义，价值与意义。

当父亲真诚地面对女儿，真实地表现出自己的男子汉气质时，孩子将学会尊重男性，平等地对待男性。与此同时，她们也将学会青睐那些尊重她，平等地对待她的男性，而避开那些有恐吓，暴力和虐待倾向的男性。正如那句老话所说的："女儿长大，嫁夫如父。"

一位成年的女子在谈到自己的择偶标准时说："我的父亲

是我择偶的标准,因为他是父亲,是最可爱、最合人意、最值得尊敬、最有责任感、最有教养的……他是我所认识的人中最伟大的男人。我也希望我未来的伴侣能像他那样。"

这位成年女子的父亲是成功的,父亲给了她一个有责任感的、坚强的男子汉的榜样,使她不至于在男性的世界里迷失。

可见,对于孩子来说,父亲的影响是巨大的。但这种影响究竟是正面的还是负面的,关键看父亲如何与孩子沟通。在孩子的人生之路上,父亲能够指引孩子如何处理问题,是孩子受用一生的法宝。

总的来说,家庭沟通绝不是母亲一个人的事,因为在孩子心目中,爸爸是权威的象征。孩子是渴望得到关注的,别人的关注能让他找到自我认同的感觉,尤其是来自很有权威的爸爸的关注,更让孩子能更加听话快乐、幸福地成长!

让孩子听话,并非无条件满足孩子

生活中,可能不少家长都遇到这样一个头疼的问题:孩子太固执了,想尽办法也说服不了他!因此,为了让孩子听话,他们会无条件满足孩子的其他要求。但实际上,这种沟通方法无异于"拆东墙补西墙",孩子的要求一旦得不到满足,就会任性、无理取闹、不服管教。比如,有的父母特别怕孩子哭,一看孩子哭，就会纵容孩子的某些错误做法，或者给孩子许诺，满足孩子的"无理要求"。比如孩子一哭就答应给孩子买糖买玩具，这样做，不仅不能解决问题，还会让孩子发现，哭闹能换来很多"好处"，以后，他会更多地采用这一"秘密武器"。

诚然，在家庭沟通中，每个父母都要遵循孩子的天性，但这并不意味着我们要满足孩子的所有要求。相反，拒绝孩子的一些不合理的要求，不但能培养孩子控制自己欲望的能力，还能让孩子了解自己的行为界限，让孩子更听话，当然，这一点，需要家长在生活中加以贯彻实施，当你的孩子明白只有付出才有回报时，他也就拥有了一定的自控力。

其实，如果我们能找到孩子喜欢的沟通方式，让孩子在一开始就认同你，那么，他自然会接受你。

那么，作为父母，对于孩子的要求该如何处理呢？

1.是否满足孩子要看孩子的要求是否合理

当孩子提出某个要求时，家长是否立刻满足，最重要的是看这个要求合不合理。如果家长认为孩子的这个要求是合理的，就应该马上满足；如果家长认为孩子提出的要求不合理，就一定要拒绝，但你需要注意的是，你必须在拒绝他的时候告诉他原因，告诉他怎样做才是对的。

2.不要什么都答应孩子

很多孩子，会采取撒娇耍赖、哭闹的方式让你答应他的要求。如果这些要求是无理的，你一定要拒绝，不然他会有恃无恐，同样的事情会一而再、再而三地发生。坚定地告诉他"不行"，他能从你的态度上看到这件事真的没有商量的余地。

3.适当延迟满足孩子的愿望

培养孩子的自我延迟满足能力，就不能对孩子太过迁就。当他们想要什么时，我们可以适当延迟一下时间，比如，过半个小时再来处理孩子的要求。在这个过程中，孩子的忍耐能力就无形中提高了。

4.拒绝孩子时立场要温和，态度要坚定

如果你想拒绝孩子的要求，那么，你就必须表现得立场坚定，进而让孩子明确自己的要求是无理的。但同时，你的语气必须要温和，这样才是真的以理服人。

比如，孩子想买一样东西，你可以这样说："抱歉，宝贝，妈妈最近经济有些拮据，大概三天后妈妈才能拿到钱。那么，这三天妈妈必须努力工作，你能帮妈妈在这三天干点家务吗？到时候妈妈再给你一点补助，3天以后再买给你好吗？"这样态度温和地说，是要让孩子感受到：虽然妈妈没给我买，但妈妈是有原因的，妈妈也是爱我的。

然而，很多父母在这方面做得并不好，他们一遇到孩子提出的要求不合理，总是对孩子疾言厉色，甚至还打骂孩子，这样孩子既得不到这个玩具，又觉得你不爱他。

假若我们在教育孩子的时候态度温和，客观地看待孩子的要求，当孩子做出任何不好的举动时，也能包容和接纳，那么我们在与孩子进行一切互动时,都能很好地把握分寸。

5.不要欺骗孩子,承诺了就要实现

可能你会认为,孩子还小,骗骗他也是为了他好。其实,你这样做,只会让孩子对你产生信任危机,甚至他还会在以后的生活里开始骗你。

因此,作为父母,你对孩子的承诺一定要实现,除非你不答应他,否则一定要做到。对于同一件事,也不要给孩子多重标准,假如你今天答应孩子这么做,明天没有任何理由却告诉他不行,就会造成混乱。

每个人都有他自己喜欢的沟通方式,我们的孩子也是。作为父母,在拒绝孩子时,就要从他喜欢的方式入手,并掌握一定的说服技巧,而不是硬性地把自己的观点传达给孩子,这样才能让孩子接受你的观点。

不要向孩子灌输你曾经的梦想

我们不得不承认,每一个父母都对自己的孩子报以殷切的期望,这种期望多半还和自己的经历、梦想有关系。比如,有的家长没有上过大学,他便希望孩子无论如何都要上大学;有的家长曾经在艺术的道路上因为外在原因没有闯出一番成就来,他便希望孩子能继续走自己没走完的路;也有一些家长,自打孩子一出生，他们就为孩子定了一条人生之路……而很多时候，这些家长并没有征求孩子的意见，也不问孩子是否愿意。一些听话的孩子自然会遵从父母的愿望，但多半却造成了孩子的逆反情绪。这就是心理学中"代偿心理"在家庭教育中的反映。因此，我们在与孩子沟通时，一定要避免这点。

的确，生活中，有些人当自己的理想无法实现时，便开始为自己积极寻找一个新的"理想代言者"，这一对象多半是他们的子女，也就是说，他们希望自己的孩子能帮助自己完成某一心愿或理想。实际上这是一种自欺欺人的心理。他追求的目标并未重新设立，只是为自己找了个替身，即使这个替身真的为自己实现了理想，那么也只是一种假象而已。

事实上，我们必须承认的一点是，很多家长在亲子沟通时都不可避免地有这种心理，喜欢向孩子灌输自己的梦想。他们在自己成长的过程中，因为种种原因而未能实现自己的愿望，为此，他们便把希望寄托在孩子身上，希望孩子能够实现这些愿望。我们来看看下面这位母亲曾经是怎么教育孩子的：

"在结婚之前，我曾经是一名芭蕾舞表演者，获得过很多奖项。后来遇到了我先生，我们开始创业，我不得不放弃自己的事业，身材也慢慢走样了。为此，我哭过很多次。

生了女儿丹丹之后，我发现，也许这是上天给我的暗示——让女儿来完成我的梦想。但丹丹实在太不听话了，她似乎根本对这项艺术提不起兴趣来。

在她五岁的时候，我就为她买了很多芭蕾舞鞋。到她七岁的时候，我就带着她去见最好的芭蕾舞老师，然后为她报名。每周两次课，每次300元。但小家伙实在让我太失望了，她有着她爸爸的基因，七岁的她已经开始比其他女孩胖很多了，根本无法跳舞。

其实，丹丹在一开始就告诉我，她不喜欢跳舞，她喜欢画画，但我仍然一厢情愿地强制孩子非学不可。半年过后，孩子仍然没有兴趣，也学无所成，我也没了热情。现在，看着那些买来的芭蕾舞鞋，我只能叹气。"

事实上，有过这样经历的家长肯定不在少数，当孩子还小的时候，他们对我们的安排并没有反抗的意识，但到他们长大后，他们有了自己的想法。我们曾经自以为强大的"权威"，会受到来自孩子的强烈挑战，严重地影响亲子关系。因此在教育孩子时，家长一定要考虑孩子真实的心理需求，不要将自己的意志强加在孩子身上。

当然，其实家长有这样的心理也是可以理解的。谁不希望子女能替自己了却心中的夙愿呢？只是家长在教育时一定要方法得当。为此，我们必须要调整自己的心态。

你要记住，孩子也是独立的个体，而不是我们的私有财产。

为此，即使你曾经的梦想没有实现，你也不可把自己的愿望强加给孩子，而应该先询问孩子的意见。如果他愿意继承你的衣钵，那固然好；如果孩子不愿意，也不可强迫孩子，孩子毕竟是一个独立的人,让孩子选择自己的兴趣爱好,能培养孩子独立自主的能力。

再者,孩子也需要自己的空间。教育孩子时,涉及原则的问题一定要坚持不让步,但其他小事没必要太较真。给孩子足够的空间,孩子会做得更好。

作为家长,在曾经的人生中,必然存在一些遗憾,但孩子并不是你的私有财产,更不是你的附属品,你的梦想,他没有义务为你实现。因此,在日常沟通中,不要向孩子灌输自己的梦想,只有放手让孩子自己做主,他们才能获得人生的经验。所以,在你确定孩子可以承担时,给孩子一些决定权,让他尝试按照自己的想法去做。总之,只有给孩子信心,给孩子机会,孩子才会越来越优秀。

犯错了向孩子道歉,并不有损家长威信

日常生活中,大人和孩子都避免不了做错事,但是这个过程中,我们发现,孩子向父母道歉的情况比父母向孩子道歉的情况要多。因为在很多父母看来,孩子犯错很正常,就应该道歉,而作为家长的我们如果道歉,会在孩子面前失去威信。但其实,他们没认识到的是,这样做的直接后果是,孩子会认为父母采用双重标准,父母也给孩子树立了一个不负责任的负面形象。

现代教育要求家长与孩子沟通，就是要父母不能把家长和孩子放在绝对两极的位置。家长对孩子做错事了，也要说一句"对不起"。或许，碍于面子，有些家长知道是自己错了，还是硬撑着、扮强势。其实，向孩子说一句"对不起"，不会有损父母的威信，反而会构建起一个平等的交流平台。而更为重要的是，家长起到了以身作则的作用，给孩子树立一个负责任的形象。

有一天，辰辰的妈妈发现自己抽屉里的一百元钱不见了，她一口咬定是儿子辰辰拿了。

辰辰说没拿。妈妈根本不相信，并且还想用所谓的引导来让孩子说实话："需要钱可以向我要，但不能自己拿！"后来就越说越生气，警告辰辰："不经允许拿妈妈的钱，也算是偷！"辰辰不服气，母子俩就吵了起来。

就在他们吵架的时候，爸爸从外面回来了，忙解释说："钱是我拿的，还没来得及告诉你呢。"妈妈这才停止了对儿子的逼问，但又补上一句："辰辰，你可要记住，花钱要管妈妈要，可不能偷偷地自己拿啊。妈妈的钱可是有数的！"辰辰觉得受了不能容忍的侮辱，一气之下，离家出走了！

这个事例告诉我们，家长说错了话，办错了事，甚至冤枉了孩子，都是难免的，关键是发生问题后家长怎样处理。家长和孩子相处，应该是民主平等的，不能摆家长架子。错怪了孩子，就主动道歉，而且态度诚恳，不敷衍，不找客观原因。有些家长认为这样做会有失尊严,其实不然,孩子是明理的。

父母向孩子认错,给孩子树立了有错必改的榜样,会使孩子由衷地敬佩父母的见识和修养,并学会勇敢地为自己的行为负责,让孩子从小形成一种责任意识。同时,孩子也会更加信任父母,使一家人和睦团结,为孩子创造健康成长的良好环境。家长的威信不但不会降低,反而更高了。

可见,家长做错了事,肯不肯向孩子道歉,不仅影响着两代人的情感,也关系着孩子的进步与成长,实在是家长应该学会使用的一种教育手段。

在现在的家庭教育中,家长如果从不向孩子承认自己的缺点、过失,孩子就会产生"父母永远正确而实际上总是出错"的观念。久而久之,对父母正确的教诲,孩子也会置之脑后。如果孩子做错事后,父母能郑重向孩子认错、道歉,孩子就会懂得承认错误并不是一件可耻的事,就会提高分辨是非的能力,尝到原谅别人的滋味。为了让孩子能树立责任意识,父母不妨做到:

1.注意道歉的态度

父母道歉的态度也是很重要的,不能太过于生硬,或者太轻描淡写。如果采取这些错误的态度,即使道歉了也不能挽回什么,只会加深误解,因为年龄大的孩子能明显感觉得到父母态度的不同,意识到父母是不是在敷衍。因此,父母应用真诚的态度来道歉,不要碍于面子或者身份,不愿意向自己的孩子道歉，或者只是略微地说一下。父亲撞到儿子，这时候，父亲与其说"我不是故意的"，倒不如真诚地对他说"对不起，孩子，我撞伤了你"。父亲这时候大大方方的道歉比不真诚的辩解更能够得到孩子的尊重。

2.孩子所处的年龄段不同，道歉的方法不同

相对于年龄小一点的孩子来说，父母其实不用讲太多的道理，只要用一些行动，例如手势、表情、动作等，很自然就可以让孩子知道在这件事上，父母做错了，而且父母在向他们道歉，并不需要说太多的话。如果孩子知道这种做法是错误的，那么他们一般就不会再犯这样的错误。但是对于年龄大一点的孩子来说，父母向他们道歉，就必须向他们讲明这件事错误的原因，为什么做错了，这也是一种间接教育的方法。

总之，家长在教育孩子的时候，要言传身教。向孩子认错、道歉，是培养孩子成为一个有责任感的人的重要方面。孩子最早的学习是从模仿开始的。他们从很小的时候开始，就会将看到、听到、感觉到的东西"融化"在正在发育的大脑里，并在以后的生活中不知不觉地加以模仿，不仅限于行为举止，而且包括思维方式、情感取向，以及个人性格等。一个在生活中处处表现得不负责任的父母，即使想教育孩子做事要有责任心，孩子也会很不服气，很不以为然。所以当孩子做错事时，家长更应该以身作则，使孩子能具体地感觉责任意识在生活中的重要性，从而主动、积极地养成责任习惯。

参考文献

[1]张振鹏. 与孩子有效沟通的100个好方法[M]. 北京：金盾出版社，2010.

[2]赵雅丽. 妈妈会沟通，孩子更优秀[M]. 北京：中国友谊出版公司，2019.

[3]玛兹丽施. 如何说孩子才会听，怎么听孩子才肯说[M].安燕玲，译.北京：中央编译出版社，2016.

[4]于薇. 不唠叨让孩子听话的诀窍[M]. 北京：经济科学出版社，2013.